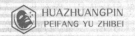

HUAZHUANGPIN
PEIFANG YU ZHIBEI

化妆品
配方与制备

李东光　主编

U0228393

化学工业出版社
·北京·

本书针对护肤化妆品、面膜、祛斑化妆品、发用化妆品、眼部化妆品等类型的 164 种配方进行了详细介绍，包括原料配比、制备方法、原料介绍、产品应用、产品特性等内容，简明扼要、实用性强。

本书适合从事化妆品生产、研发的人员使用，也可供精细化工等相关专业师生参考。

图书在版编目(CIP)数据

化妆品配方与制备/李东光主编 .—北京:化学工业出版社,2019.2 (2022.1重印)

ISBN 978-7-122-33604-0

Ⅰ.①化… Ⅱ.①李… Ⅲ.①化妆品-配方-设计 ②化妆品-生产工艺 Ⅳ.①TQ658

中国版本图书馆 CIP 数据核字(2019)第 000813 号

责任编辑:张 艳 刘 军 文字编辑:陈 雨
责任校对:王鹏飞 装帧设计:王晓宇

出版发行:化学工业出版社(北京市东城区青年湖南街 13 号 邮政编码 100011)
印 装:涿州市般润文化传播有限公司
710mm×1000mm 1/16 印张 14¼ 字数 275 千字 2022 年 1 月北京第 1 版第 4 次印刷

购书咨询:010-64518888 售后服务:010-64518899
网 址:http://www.cip.com.cn
凡购买本书,如有缺损质量问题,本社销售中心负责调换。

定 价:68.00元

版权所有 违者必究

化妆品是对人体皮肤、毛发和口腔起保护、美化和清洁或治疗作用的日常生活用品，通常以涂敷、揉擦或喷洒等方式施于人体不同部位，有令人愉快的香气，有益于身体健康，使容貌整洁，增加个人魅力。随着科学的日益发展和人们物质、文化、生活水平的不断提高，目前化妆品的品种繁多。洗净用、毛发用、护肤用和美容用化妆品等已各具门类，形成系列，可满足不同需要。

化妆品是一种流行产品，生命周期很短，新老更替十分迅速。当前对化妆品不仅要求有美容效果，还极其注重疗效，要求化妆品在确保安全性的同时，力求能在促进皮肤细胞的新陈代谢、延缓皮肤衰老方面起到一定效果。因此，目前化妆品中竞相添加营养剂，以期取得这种效果。

现代化妆品除具美容、护肤的功效外，同时还要求兼备各种特点。供不同年龄用的有儿童化妆品、青年化妆品、老年化妆品等。供不同时间使用的有日霜和晚霜。男女化妆品已不再混用。旅游化妆品、体育运动用化妆品已应运而生。另外，供粉刺皮肤用、祛黄褐斑和祛狐臭用、止汗用的专用化妆品亦已上市。在"一切返回自然去"的世界热潮中，化妆品亦热衷采用天然成分，诸如羊毛脂、水解蛋白、各种药草萃取液和浸汁、动物内脏萃取液等已成为热门的天然添加剂，高新技术生物工程开发的生物制品原料亦开始应用于化妆品中。消费者亦热衷于采购天然化妆品，天然化妆品已是目前化妆品百花园中的佼佼者。

近年来，国内外化妆品技术发展日新月异，新产品竞争更加激烈，新配方层出不穷。为满足有关单位技术人员的需要，在化学工业出版社组织下，我们编写了本书，在介绍配方的同时详细介绍制备方法、原料介绍、产品特性等。可作为从事化妆品科研、生产、销售人员的参考读物。

本书的配方以质量份表示，在配方中有注明以体积份表示的情况下，需注意质量份与体积份的对应关系，例如质量份以 g 为单位时，对应的体积份是 mL，质量份以 kg 为单位时，对应的体积份是 L，以此类推。

本书由李东光主编，参加编写的还有翟怀凤、李桂芝、吴宪民、吴慧芳、邢胜利、蒋永波、李嘉等。由于编者水平有限，书中疏漏和不妥之处在所难免，敬请广大读者提出宝贵意见。主编 Email 为 ldguang@163.com。

主编

2019 年 1 月

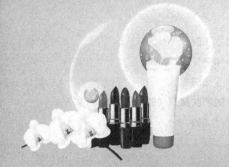

CONTENTS
目 录

配方 1   含氨基酸和维生素 A 的化妆品 / 001

配方 2   含过氧化物的护肤化妆品 / 002

配方 3   含角质细胞生长因子的皮肤化妆品 / 004

配方 4   含葡萄和人参组合物的化妆品 / 005

配方 5   含羧甲基氨基多糖的化妆品 / 007

配方 6   含有褪黑素的护肤化妆品 / 009

配方 7   含有活性人参细胞的护肤化妆品 / 010

配方 8   含有金花茶的护肤、洗涤用品 / 011

配方 9   含有金花茶的营养护肤霜 / 015

配方 10   雪莲醇护肤化妆品 / 016

配方 11   护肤制剂 / 019

配方 12   黄芪甲苷抗皮肤衰老护肤化妆品 / 020

配方 13   精油添加型护肤品 / 023

配方 14   抗炎、止痒、祛痱护肤露 / 024

配方 15   芦荟护肤洗洁露 / 025

配方 16   美容护肤保健按摩乳 / 026

配方 17   美容护肤组合物 / 033

配方 18   祛斑保湿护肤剂 / 037

配方 19   祛痘护肤液 / 039

配方 20   人参护肤油 / 039

配方 21   生物波纳米生物活性护肤品 / 040

配方 22   无刺激驱蚊护肤乳剂 / 041

配方 23   消毒灭菌护肤液 / 043

配方 24   消毒灭菌护肤洗液 / 044

配方 25   护肤保健品 / 044

配方 26   护肤化妆品 / 046

配方 27   营养护肤乳 / 048

配方 28   专用型护肤浴液 / 049

配方 29   润肤化妆品 / 051

配方 30   抗静电保湿滋润护肤品 / 053

01
Chapter

护肤化妆品

/001

配方 31　快速润肤护肤品 / 054

配方 32　苹果醋润肤膏 / 055

配方 33　刮痧润肤增效乳 / 056

配方 34　含沙棘油脂质体的润肤露 / 058

配方 35　黄连消炎润肤液 / 059

配方 1　美白精油面膜 / 061

配方 2　美白祛斑抗皱面膜 / 062

配方 3　美白祛斑面膜（一）/ 063

配方 4　美白祛斑天然中药面膜 / 064

配方 5　具有美白、祛斑作用的中药面膜 / 065

配方 6　美白祛斑面膜（二）/ 066

配方 7　美白增白面膜的中药组合物 / 067

配方 8　美白面膜 / 068

配方 9　美白中药面膜 / 069

配方 10　美容、润肤、美白、减皱面膜粉 / 070

配方 11　美容保健中药面膜 / 070

配方 12　美容保健组合物和面膜 / 071

配方 13　美容面膜 / 072

配方 14　免洗面膜 / 073

配方 15　免洗睡眠面膜 / 074

配方 16　保湿面膜 / 075

配方 17　植物美容面膜 / 077

配方 18　美白醒肤面膜 / 078

配方 19　面膜膏 / 079

配方 20　面膜液 / 080

配方 21　魔芋面膜 / 080

配方 22　牡蛎壳美白面膜 / 081

配方 23　木瓜面膜 / 082

配方 24　木瓜薏仁面膜 / 083

配方 25　纳米蒙脱石面膜 / 084

配方 26　男士用细致毛孔面膜 / 085

配方 27　凝胶面膜基质 / 085

配方 28　苹果汁面膜 / 087

配方 29　葡萄籽贴布式面膜 / 088

配方 30　祛斑除皱面膜 / 089

配方 31　祛斑面膜（一）/ 090

配方 32　祛斑面膜（二）/ 091

配方 33　祛斑中药面膜 / 092

配方 34　祛痘消炎中药面膜粉 / 092

配方 35　祛红血丝面膜化妆品 / 093

配方 36　祛黄褐斑中药面膜粉 / 094

配方 37　祛皱中药面膜 / 095

配方 38　祛痘护肤面膜 / 096

配方 39　深度保湿美白面膜 / 097

配方 40　深海鱼皮胶原肽紧肤抗衰老面膜 / 098

配方 41　生肌抗菌面膜 / 100

配方 1　参苷抗衰祛斑养颜膏 / 101

配方 2　茶树油祛斑剂 / 102

配方 3　纯天然生物提取祛斑液 103

配方 4　当归人参祛斑霜 104

配方 5　复方祛斑化妆品 / 105

配方 6　葛根异黄酮祛斑霜 / 107

配方 7　含有壬二酸的祛斑护肤化妆品 / 108

配方 8　含有珍珠水解液脂质体的祛斑霜 / 109

配方 9　护肤祛斑膏 / 110

配方 10　护肤祛斑液 / 111

配方 11　解毒祛斑膏 / 112

配方 12　抗过敏、祛斑除皱中草药化妆品 / 113

配方 13　抗皱祛斑祛痘清除剂 / 114

配方 14　灵芝祛斑防皱霜 / 115

配方 15　祛斑除痘化妆品 / 122

配方 16　祛斑化妆品 / 123

配方 17　祛斑防皱霜 / 124

配方 18　祛斑防皱制剂 / 125

配方 19　祛斑功能化妆品 / 126

配方 20　祛斑护肤化妆品 / 128

配方 21　祛斑护肤品 / 129

三3 Chapter

祛斑化妆品

/101

四 **04** Chapter

发用化妆品

/130

配方 1　包含桧木芬多精的洗发乳 / 130

配方 2　定型护发水 / 132

配方 3　啫喱水 / 133

配方 4　鳄鱼油生发乳 / 134

配方 5　发乳 / 135

配方 6　发用保湿定型啫喱膏 / 136

配方 7　发用定型化妆品 / 137

配方 8　发用定型剂 / 138

配方 9　发用角蛋白定型剂 / 143

配方 10　防治白发生成、皮肤衰老的化妆品添加剂 / 145

配方 11　肤感清爽的啫喱美白防护乳粉 / 146

配方 12　改进的啫喱水 / 148

配方 13　海娜美发膏 / 149

配方 14　含两性树脂的啫喱水 / 149

配方 15　含丝石竹提取液的洗发乳 / 150

配方 16　黑发膏 / 152

配方 17　獾油生发膏 / 153

配方 18　胶原多肽营养免洗润发乳 / 154

配方 19　摩丝胶浆 / 156

配方 20　貉油洗发乳 / 158

配方 21　喷发胶 / 159

配方 22　气压式喷发胶 / 159

配方 23　清新型啫喱膏 / 160

配方 24　祛屑止痒洗发乳液 / 162

配方 25　三元两性离子型发用定型聚合物 / 164

配方 26　桑叶洗发乳 / 166

配方 27　塑型发蜡 / 167

配方 28　剃须摩丝 / 169

配方 29　天然药物定型啫喱水 / 170

配方 30　天然植物洗发乳 / 171

配方 31　头发定型液 / 172

配方 32　头发环保型彩色定型气雾剂 / 173

配方 33　乌发水/膏 / 174

配方 34　羊毛生态染膏 / 175

配方 35　氧化胺型两性发用定型聚合物 / 177

配方 36　婴儿洗发乳 / 179

配方 37　中草药生发头膜膏 / 179

配方 1   补水祛皱眼啫喱 / 181

配方 2   蚕丝睫毛膏 / 182

配方 3   防治眼周脂肪粒的眼霜 / 183

配方 4   蜂肽焕颜紧致赋活眼霜 / 184

配方 5   高效眼部滋润霜 / 185

配方 6   护眼化妆品 / 185

配方 7   护眼用化妆品 / 187

配方 8   活肤眼霜 / 188

配方 9   睫毛膏 / 190

配方 10   眉毛膏 / 191

配方 11   天然植物眼保健霜 / 192

配方 12   添加珍珠水解液脂质体的眼霜 / 193

配方 13   维生素焕彩眼霜 / 194

配方 14   新型眼霜 / 196

配方 15   眼疲劳保健霜 / 197

配方 16   眼霜 / 198

配方 17   祛除黑眼圈眼霜 / 200

配方 18   用于护理眼周皮肤的海洋生物功能化妆品 / 201

配方 19   用于消除眼部假性皱纹的乳霜制剂 / 204

配方 20   有祛纹、祛眼袋及祛黑眼圈的多功能眼霜 / 205

配方 21   植物眼霜功能液 / 206

配方 22   奥斯曼眼部化妆品 / 207

配方 23   天然美眉化妆品 / 209

配方 24   浓眉化妆品（一） / 210

配方 25   浓眉化妆品（二） / 211

配方 26   眼睑涂抹剂 / 212

配方 27   祛除眼袋药物 / 213

配方 28   祛皱眼膜 / 214

配方 29   祛皱眼霜 / 215

配方 30   祛皱眼贴 / 216

参考文献 / 218

一 护肤化妆品

配方1 含氨基酸和维生素A的化妆品

◀原料配比▶

原料	配比（质量份）	
	1#	2#
卵磷脂	1.5	1
溶剂（玉米油等）	20	—
维生素A	0.3	0.1
氨基酸水溶液	8	10
脂质体稳定剂	5	5
去离子水	90	80
香料	适量	适量

◀制备方法▶

1#：

（1）将卵磷脂溶于溶剂（玉米油等）中，加入维生素A，制成溶液；

（2）将氨基酸水溶液倒入溶液（1）中，使之充分分散，制成水/油型乳液；

（3）将乳液（2）倒入去离子水中，在氮气保护下，2h 内逐步升温至 20℃，并于 80℃下搅拌 30～60min，冷却至常温，加入脂质体稳定剂及香料即可得成品。

2#：将卵磷脂和维生素 A 放入去离子水中，适当搅拌至无块状存在，加入氨基酸水溶液，于 52～58℃的水浴中恒温 15～20min，在此温度下用探头式超声波发生仪作用 20～30min，液体由乳液变为透明，冷却至常温，加入脂质体稳定剂及香料即可得成品。

⟨原料介绍⟩

所述氨基酸水溶液中含有混合氨基酸 20%；脂质体稳定剂是指丙二醇和乙醇的任意配比混合液。

氨基酸是人体的主要营养成分，对人体皮肤直接补加氨基酸，可以提高皮肤细胞活性。

维生素 A 对于维持上皮组织完整和活化皮肤细胞起有效作用，口服维生素 A 被人体吸收后，到达皮肤上的量很少，因而直接对皮肤补加维生素 A 是一种有效的方法。

卵磷脂是一种天然的表面活性剂物质，主要从蛋黄和大豆中提取。其主要成分为磷脂酰胆碱，另含有少量的磷脂酰乙醇胺、磷脂酰肌醇和磷脂酸。卵磷脂是构成人体细胞膜的主要组分。

脂质体包埋皮肤活性成分作为化妆品使用，具有促皮渗透作用、缓释作用和对活性成分的保护作用。

⟨产品应用⟩

本品可用于增加皮肤营养，保持皮肤湿润，延缓衰老。

⟨产品特性⟩

本品生产成本低，工艺合理，利用脂质体的特殊结构，使其不仅能包埋脂溶性物质也能包埋亲水性物质，充分发挥脂质体对活性成分的包埋作用，提高皮肤对营养成分的吸收率；产品质地细腻、润滑，使用效果好，无刺激性气味，对人体无不良影响，安全可靠；剂型稳定，不易风干氧化，不易分层和沉淀，耐储存。

配方2 含过氧化物的护肤化妆品

⟨原料配比⟩

原料	配比（质量份）		
	1#	2#	3#
保湿剂	10	7	2

原料		配比（质量份）		
		1#	2#	3#
水		63.5	60	80
油脂		10	25	9.8
乳化剂		12	5.7	2
防腐剂	卡松	—	0.15	—
	杰马B	0.25	—	—
	尼泊金酯	0.25	0.15	0.2
过氧化物	过氧化氢	4	2	—
	过氧化钙	—	—	6

《制备方法》

（1）将保湿剂、水放入容器中加热搅拌，加热温度为 80～90℃，溶解均匀，保温 0.5～1h，制成水相原料；

（2）另将油脂、乳化剂、防腐剂放入容器中搅拌加热溶解，加热温度为 80～90℃，保温 0.5～1h，制成油相原料；

（3）将水相原料（1）加入油相原料（2）中搅拌 10～20min，均质乳化 3～10min，冷却至 35℃ 以下，加入过氧化物、防腐剂搅拌均匀，冷却至室温，进行灌装即可得成品。

《原料介绍》

过氧化物可以是过氧化氢或过氧化钙。

油脂可以是十八醇、十六醇、白油中的一种或混合物。

保湿剂可以是甘油、1,3-丁二醇中的一种或混合物。

乳化剂可以是硬脂酸单甘酯、烷基糖苷酯、聚氧乙烯醚（$n=12$）硫酸钠、聚氧乙烯醚（$n=21$）硫酸钠、M68 中的一种或混合物。

防腐剂可以是卡松、杰马 B、杰马 A、尼泊金酯中的一种或混合物。

水可以是纯净水或蒸馏水。

《产品应用》

本品能有效减褪黑色素，由外到内美白肌肤，改善皮肤性能；同时有利于伤口愈合。

使用本品 5～10 天后可以先暂停使用，数周后继续使用即可。

《产品特性》

本品膏体亮白细腻，涂布性好，光滑舒适，美白效果显著持久；原料使用安全可靠。

配方3 含角质细胞生长因子的皮肤化妆品

‹原料配比›

实例1：含角质细胞生长因子的化妆品霜

	原料	配比（质量份）
A	三压硬脂酸	4
	十八醇	4
	单硬脂酸甘油酯	1.5
	平平加O	1
	白油	3
	肉豆蔻酸异丙酯	3
	角鲨烷	2
	二甲基硅油DC-200	0.5
	尼泊金丙酯	0.05
B	蒸馏水	79
	角质细胞生长因子	1
	尼泊金甲酯	0.18
	维生素E	0.2
	透明质酸	0.25
C	香精	适量

实例2：含角质细胞生长因子的化妆品乳液

	原料	配比（质量份）
A	十八醇	0.9
	单硬脂酸甘油酯	0.8
	平平加O	1
	白油	3
	肉豆蔻酸异丙酯	3
	角鲨烷	2
	DC-200	0.5
	尼泊金丙酯	0.05
B	蒸馏水	85
	角质细胞生长因子	1

续表

原料		配比（质量份）
B	维生素 E	0.2
	甘油	6
	QM 增稠剂	0.1
	尼泊金甲酯	0.18
C	三乙醇胺	0.15
	香精	适量

◀制备方法▶

实例 1：

将 A 混合加热至 95℃制成油相；将 B 加热至 95℃制成水相；将油相 A 缓缓加入水相 B 中，均质乳化 5min；不断搅拌，冷却至 50℃时加入 C，冷却至常温出料。

实例 2：

（1）将 A 加热至 95℃制成油相。

（2）将 B 中的水和 QM 增稠剂加热至 95℃搅拌溶解；B 中的其余原料加热至 95℃，然后抽滤进反应锅。

（3）将 A 过滤进反应锅，然后将 QM 增稠剂水液过滤进反应锅，开动均质约 5min，不断搅拌至 50℃时，加入 C，冷却至常温出料。

◀产品应用▶

本品能够促进皮肤角质细胞的新陈代谢，可用于防皱嫩肤，保持皮肤弹性，美化容颜。

◀产品特性▶

本品配方科学合理，使用效果显著，可制成霜剂、乳剂、水剂等多种形式。

配方4 含葡萄和人参组合物的化妆品

◀原料配比▶

实例 1：褐色化葡萄和人参组合物

原料	配比（质量份）	
	1#	2#
人参	50	40
葡萄	50	60
水	适量	适量

实例2：面部用护肤霜

原料	配比（质量份）		
	1#	2#	3#
褐色化葡萄和人参组合物	100	100	100
糯米粉	10	—	—
淀粉	—	15	—
皂土	—	—	40
精制水	80	100	70
聚乙烯醇	20	15	10
二氧化硅	—	3	3
乙醇	10	15	5
维生素E	0.5	0.4	0.5

◀制备方法▶

实例1：

褐色化葡萄和人参组合物可通过以下三种方法制得。

方法一：将人参和葡萄混合后，于60℃以上进行热处理。热处理的条件为：60～70℃热处理90～110h，或95～130℃热处理30～50h；也可以在130℃以上进行较短时间的热处理。

热处理可根据需要加水，加入量以人参和葡萄的1～10倍量为佳；也可以利用不加水的热处理方法，即利用蒸汽或热风进行热处理。

方法二：将人参和葡萄混合，于60℃以下低温干燥后，将所得的褐色化组合物研成粉末或进行提取。

低温干燥处理可在60℃以下的干燥室中进行，或利用太阳热进行干燥，用此方法时，可防止营养成分因加热而损失，提高所含的人参和葡萄的效能。

方法三：将人参和葡萄分别进行热处理后，干燥，研成粉末或进行提取，然后混合。具体步骤如下：

(1) 在人参特别是水参中，混合氨基酸、无机氮化合物、糖类等促进褐色化的物质后，以95～110℃的蒸汽煮2～4h，于60～80℃干燥60～80h后，研成粉末或进行提取；

(2) 在葡萄中混合氨基酸、无机氮化合物、糖类等促进褐色化的物质后，以95～110℃的蒸汽煮2～4h，于60～80℃干燥60～80h后，研成粉末或进行提取；

(3) 将人参粉末或人参提取物 (1) 中混入葡萄粉末或葡萄提取物 (2)，混合比例以人参：葡萄＝(1：4)～(4：1) 为佳，也可根据需要调整比例。

实例2：

1#：将褐色化葡萄和人参组合物中加入细碎的糯米粉（或黏土），混合均匀后，于100℃加热5min，制成糊状的面部用护肤霜的组成物；再加入精制水、聚乙烯醇，混合均匀后加入乙醇、维生素E，混合使之溶解，即得成品。

2#：将褐色化葡萄和人参组合物中加入淀粉，混合均匀后，于98℃加热3min，制成护肤霜的组成物；再加入精制水、聚乙烯醇、二氧化硅，混合均匀后加入乙醇、维生素E，混合使之溶解，即得成品。

3#：将褐色化葡萄和人参组合物中加入皂土，混合均匀后，于120℃加热30min，制成护肤霜的组成物；再加入精制水、聚乙烯醇、二氧化硅，混合均匀后加入乙醇、维生素E，混合使之溶解，即得成品。

《原料介绍》

人参根据其状态分为水参、白参和红参，红参是将水参蒸后干燥而制成，即将人参褐色化而成。红参的红色是在蒸参过程中引起的非酶催化的褐色化反应，特别是由氨基-羰基反应和多酚自动氧化反应而形成。在褐色化过程中，形成相当多的特有的香味成分及具有抗氧化性的成分。

葡萄也可以选用山葡萄或葡萄与山葡萄的混合物，不影响人参的有效效应而能抑制人参的副作用，且抑制人参的强烈气味。

《产品应用》

本化妆品可用于增白保湿，营养皮肤，延缓衰老。

《产品特性》

本品配方合理，使用安全，因所含人参和葡萄的相互作用而使化妆品效果显著持久。

配方5　含羧甲基氨基多糖的化妆品

《原料配比》

实例1：

原料	配比（质量份）				
	1#	2#	3#	4#	5#
AHA（α-羟基酸）	0.05	0.05	0.5	5	3
斯盘	—	1.5	—	—	1
吐温	—	1.5	—	—	1
CBP树脂	—	0.2	0.1	0.15	0.1
三乙醇胺	—	1.2	0.1	1.2	1.2

原料	配比（质量份）				
	1#	2#	3#	4#	5#
脂肪醇	10	1	1	1.5	1.5
单硬脂酸甘油酯	5	1.5	2	1.5	1.5
硬脂酸	—	2	—	3	2.5
白油	10	20	5	5	—
甘油	5	5	10	8	
EDTA-2Na（乙二胺四乙酸二钠）	—	0.02	0.01	0.01	
十二醇硫酸钠	—	0.2	0.2	0.4	—
香精	—	0.4	0.2	0.2	0.1
水	69.95	65.43	80.89	74.04	88.1

实例2：

原料	配比（质量份）		
	1#	2#	3#
AHA	0.05	1	5
AES（脂肪醇聚氧乙烯醚硫酸钠）	10	20	15
MES（脂肪酸甲酯磺酸盐）	10	—	
6501	5	5	4
BS-12	3	3	2
咪唑啉	—	2	3
香精	0.2	0.3	0.4
水	71.75	69.7	70.6
乙酸	适量	适量	适量
柠檬酸	适量	适量	适量

‹制备方法›

实例1：

（1）将硬脂酸、单硬脂酸甘油酯、脂肪醇、白油、甘油、吐温、斯盘加入油相锅中，搅拌混合加热至90～95℃，保温15min，过滤；

（2）将水相和油相锅中的物料放入乳化锅中，搅拌5～10min；

（3）冷却至55～60℃时加入香精，搅拌1.5～2h，静置冷却至30～40℃即可。

实例2：

（1）将水加热至70～80℃，加入AES并搅拌溶解，再将AHA用4倍水溶解，用乙酸调节 pH＝7 后加入；

（2）加入 6501、BS-12、MES、咪唑啉，并用柠檬酸调节 pH 至中性，然后加入香精，搅拌均匀即可。

《产品应用》

本品可用于滋润皮肤、减缓皱纹的产生、延缓皮肤衰老；防止干燥、皲裂；防治癣症，止痒消炎灭菌等。

《产品特性》

本品膏体质地柔和，细腻润滑，渗透性好，易于吸收，可在皮肤表面立即融化成一层护肤薄膜，用后舒适滑爽，无黏滞感；无刺激性，不怕肥皂洗，对浅表真菌有抑制作用，保护作用强，安全可靠。

配方6　含有褪黑素的护肤化妆品

《原料配比》

原料		配比（质量份）		
		1#	2#	3#
褪黑素		0.03	0.09	0.05
油脂		13.97	25	10
乳化剂		2	8	5.45
保湿剂		10	5.41	2
熊果苷		3	1	2
防腐剂	卡松	—	0.15	—
	杰马 B	0.25	—	—
	尼泊金酯	0.25	0.15	0.1＋0.1
香精		0.5	0.2	0.3
水		70	60	80

《制备方法》

（1）将褪黑素、保湿剂、熊果苷和水放入容器中加热搅拌，溶解均匀，加热至（85±2）℃，保温 0.5h，制成水相原料；

（2）另将油脂、乳化剂、防腐剂放入容器中搅拌加热溶解，加热至（85±2）℃，保温 0.5h，制成油相原料；

（3）将水相原料（1）加入油相原料（2）中搅拌 10min，均质乳化 5min，冷却至 45℃以下时加入香精、防腐剂，搅拌均匀，冷却至室温，灌装即可。

油脂可以是十八醇、十六醇、霍霍巴油、辛酸癸酸甘油酯、角鲨烷、肉豆蔻酯、棕榈酸异丙酯中的一种或混合物。

保湿剂可以是甘油、丙二醇、1,3-丁二醇、透明质酸、果酸、修复性保湿剂中的一种或混合物。

乳化剂可以是硬脂酸单甘酯、烷基糖苷酯聚氧乙烯醚（$n=12$）硫酸钠、聚氧乙烯醚（$n=21$）硫酸钠、吐温、斯盘、十二烷基磷酸酯盐中的一种或混合物。

防腐剂可以是卡松、杰马B、杰马A、尼泊金酯中的一种或混合物。

水可以是纯净水或蒸馏水等。

褪黑素是从哺乳动物大脑中的松果体中提取的活性物质，为生化制品，可以阻碍人体黑色素细胞的生长，同时有利于伤口愈合，改善干性皮肤状况。

◀产品应用▶

本品主要用于减褪黑色素，由表及里美白肌肤，同时能促进细胞新陈代谢，改善皮肤性能。

◀产品特性▶

本品膏体亮白细腻，香味清淡，涂布光滑舒适，使用效果显著持久，安全可靠。

配方7 含有活性人参细胞的护肤化妆品

◀原料配比▶

原料	配比（质量份）		
	1#	2#	3#
十二烷基硫酸钠	0.8	0.5	1.5
甘油	5	10	2
水	70	70	70.5
十八醇	2.5	1.8	3
氮酮	0.7	0.5	1.2
硬脂酸	5	6	3
吐温-80	0.7	1	0.3
维生素E	适量	适量	适量
活性人参细胞	15	10	18
防腐剂	适量	适量	适量
香料	适量	适量	适量

◀ 制备方法 ▶

（1）将作为水相原料的十二烷基硫酸钠、甘油、水放入容器中加热搅拌，加热到（85±5）℃，直到搅拌溶解均匀为止，制成水相原料；

（2）另将油相原料十八醇、氮酮、硬脂酸、吐温-80放入容器中加热搅拌，加热至（85±5）℃，搅拌溶解均匀为止，制成油相原料；

（3）将油相原料放入水相原料中搅拌，得到混合的乳化均质物，随后加入维生素E，冷却至30～40℃时加入活性人参细胞、防腐剂以及香料，搅拌均匀，包装即得成品。

◀ 产品应用 ▶

本品在清洁面部污垢的同时，使皮肤自然变白，消除各种色斑、皱纹、粉刺等，使皮肤柔嫩光滑。

◀ 产品特性 ▶

本品工艺简单，配方科学，所含活性人参细胞是在无菌条件下培养的生物技术产物，不含人工激素类化学成分，对皮肤无刺激和副作用；产品中的铅、汞、砷、细菌含量均符合规定标准，色泽香气、膏体结构、耐寒性、耐热性、pH值均符合国家标准规定要求，使用安全可靠，效果理想。

配方8　含有金花茶的护肤、洗涤用品

◀ 原料配比 ▶

实例1：金花茶护肤膏

原料		配比（质量份）
油溶性组分	硬脂酸铵	7
	氢化羊毛脂	2
	辛基十二烷醇	6
	聚氧乙烯醚	3
	硬脂酸	2
	单硬脂酸甘油酯	2
水溶性组分	水	48
	金花茶提取物	15
	珍珠粉	15

实例 2：金花茶洁肤膏

原料		配比（质量份）
油溶性组分	白油	15
	鲸蜡醇	6
	斯盘-60	4
	吐温-60	2
	单硬脂酸甘油酯	8
	硬脂酸	5
水溶性组分	咪唑烷基脲	0.2
	去离子水	30
	金花茶提取物	15
	珍珠粉	15

实例 3：金花茶护肤霜

原料		配比（质量份）
油溶性组分	矿物油	10
	可可脂	2
	乳化蜡	6
	单硬脂酸甘油酯	2.8
	十八烷醇	4
水溶性组分	甘油	2
	丙二醇	2
	乙酸单乙醇酰胺	0.5
	三乙醇胺	0.2
	去离子水	55
	金花茶提取物	10
	珍珠粉	5

实例 4：金花茶洗发露

原料		配比（质量份）
油溶性组分	月桂醇醚硫酸镁	10
	月桂基硫酸镁	10
	月桂酸甘油酯	8
	三甲基硅烷基二甲基氢聚硅氧烷	4.5

原料		配比（质量份）
水溶性组分	多元醇	0.5
	聚乙二醇葡萄二油酸甲酯	2
	去离子水	50
	金花茶提取物	10
	珍珠粉	5

实例5：金花茶润肤膏

原料		配比（质量份）
油溶性组分	凡士林	2.1
	吐温-60	1.4
水溶性组分	羧甲基纤维素	2.1
	95%乙醇	3.5
	丙二醇	2.8
	水	50
	金花茶提取物	15
固体组分	氧化锌	7
	滑石粉	3.5
	高岭土	7
	珍珠粉	5

实例6：金花茶润肤露

原料		配比（质量份）
油溶性组分	葵花籽油	8.5
	鲸蜡醇	2.5
	麦胚油	0.5
	芝麻油	0.25
	硬脂酸	11
	$C_{12} \sim C_{15}$ 苯甲酸酯	0.95
	霍霍巴油	0.05
水溶性组分	对羟基苯甲酸甲酯	0.25
	丙二醇	15.5

原料		配比（质量份）
水溶性组分	70％山梨醇	6
	泛酰醇	0.95
	对羟基苯甲酸甲酯	0.1
	三乙醇胺	0.9
	水	32
	咪唑烷基脲	0.25
	金花茶提取物	15
	可溶性胶原	5
	珍珠粉	1

〈制备方法〉

（1）取油溶性组分缓缓加热至 50～85℃，使其完全熔融备用；

（2）另取水溶性组分加热至 50～85℃，搅拌均匀，至相对密度为 1.15～1.3 备用；

（3）将物料（1）和（2）同时加入乳化反应器中进行乳化反应，并加入固体组分搅拌均匀，冷却即可。

〈原料介绍〉

油溶性组分包括：凡士林、硬脂酸铵、氢化羊毛脂、辛基十二烷醇、聚氧乙烯醚、白油、鲸蜡醇、斯盘-60、吐温-60、矿物油、乳化蜡、葵花籽油、麦胚油、芝麻油、霍霍巴油、单硬脂酸甘油酯、十八烷醇、可可脂、月桂基硫酸镁、月桂醇醚硫酸镁、月桂酸甘油酯、硬脂酸。

水溶性组分包括：水、95％乙醇、丙醇、甘油、多元醇、对羟基苯甲酸甲酯、丙二醇、三乙醇胺、泛酰醇、咪唑烷基脲、乙酸单乙醇酰胺、金花茶提取物、珍珠粉、聚乙二醇葡萄二油酸甲酯、羧甲基纤维素、70％山梨醇、可溶性胶原。

固体组分包括：氧化锌、滑石粉、高岭土。

金花茶提取物是指取金花茶干燥叶和适量水加热提取三次，分别将三次提取液过滤后混合蒸发浓缩，浓缩至相对密度为 1.2～1.38 时所得到的稠膏。

珍珠粉是指淡水珍珠、海水珍珠及它们的附壳珠所粉碎的细粉以及上述细粉水解后的产物。

〈产品应用〉

本品适用于保护皮肤及头发，具有补充营养、抑菌护肤、止痒祛屑的作用。

本品配方科学，工艺简单，产品质量稳定，使用效果好，不刺激皮肤，安全可靠。

配方9　含有金花茶的营养护肤霜

《原料配比》

原料	配比（质量份）		
	1#	2#	3#
维生素 E	0.8	1.5	1
单硬脂酸甘油酯	8	12	12
丙二醇	20	40	30
氯化铜	0.08	0.5	0.01
甘油	20	40	30
吡咯烷酮羧酸钠	4	6	5
对羟基苯甲酸甲酯	2	4	3
金花茶提取物	50	100	100
氢化蓖麻油聚乙烯醚	8	15	15
珍珠粉	40	80	80
水	适量	适量	适量

《制备方法》

（1）取维生素 E、丙二醇、单硬脂酸甘油酯、对羟基苯甲酸甲酯、氢化蓖麻油聚乙烯醚一起缓缓加热到 70～85℃，使其完全熔融备用；

（2）另取甘油、氯化铜、吡咯烷酮羧酸钠、金花茶提取物和水一起加热至 70～85℃，搅拌均匀，至相对密度为 1.15～1.3 备用；

（3）将物料（1）和（2）同时加入乳化反应器中进行乳化反应，并加入珍珠粉搅拌均匀，冷却即可包装。

《原料介绍》

所述金花茶提取物指的是取金花茶干燥叶和适量水加热提取三次，分别将三次提取液过滤后混合蒸发浓缩，浓缩至相对密度为 1.2～1.38 时所得到的稠膏。

所述珍珠粉指的是淡水珍珠、海水珍珠及它们的附壳珠所粉碎的细粉以及上述细粉水解后的产物。

❮产品应用❯

本品在滋润皮肤的同时，具有清热解毒、补充营养、抑菌护肤以及抗衰老的作用。

❮产品特性❯

本品原料易得，配比科学，工艺简单易行，产品质量稳定，使用效果显著，无刺激性，安全可靠。

配方 10　雪莲醇护肤化妆品

❮原料配比❯

实例1：雪莲醇提物

原料	配比（质量份）
干新疆雪莲花	10
乙醇	100

实例2：护肤霜

原料	配比（质量份）
硬脂酸	10
十六醇	1
液体石蜡	5
羊毛脂	5
胆甾醇	0.1
雪莲醇提物	0.4
吐温-60	1
丙二醇	3
甘油	2
抗氧化剂、防腐剂	1
去离子水	加至100
香精	5

实例 3：增白霜

原料	配比（质量份）
白油	15
蜂蜡	5
硬脂酸	10
十六醇	1
羊毛脂	2
单硬脂酸甘油酯	2
三乙醇胺	1
丙二醇	2
维生素 C	0.1
苯甲酸钠	1
雪莲醇提物	0.3
香精	0.5
去离子水	加至 100

实例 4：防晒霜

原料	配比（质量份）
聚硅氧烷	2
肉豆蔻酸异丙酯	18.5
十六醇	0.2
醇脂酸	4
对 2,2-乙氧基-5-甲基肉桂酸	1.5
三乙醇胺	1.2
十二烷基硫酸钠	1.5
吐温-60	1.2
雪莲醇提物	0.5
抗氧化剂、防腐剂	1
香精	0.5
去离子水	加至 100

〈制备方法〉

实例 1：

取干新疆雪莲花，用乙醇热回流提取三次即得浸提液；然后将浸提液减压浓缩至小体积后冷冻干燥，得粗提物；再将粗提物用无水乙醇溶解，加入5％的活性炭，加热回流，过滤脱去色素、水溶性糖类和活性炭等杂质，减压浓缩至干，再用无水乙醇溶解，加活性炭进行二次脱色，过滤，浓缩至干，即得雪莲醇提物，为深褐色膏状物。

实例2：

(1) 将硬脂酸、十六醇、液体石蜡、羊毛脂、胆甾醇加热至90℃熔化；

(2) 将雪莲醇提物、吐温-60混合；

(3) 将丙二醇、甘油、抗氧化剂、防腐剂和去离子水混合均匀；

(4) 将物料（1）加入物料（3）中，搅拌30min，降温至60℃加入物料（2）搅拌，降温至50℃加入香精，降温至40℃出料包装即可。

实例3：

(1) 将油相原料白油、蜂蜡、硬脂酸、十六醇、羊毛脂、单硬脂酸甘油酯加热至90℃溶解；

(2) 另将水相原料三乙醇胺、丙二醇、维生素C、苯甲酸钠加热至90℃（15min）；

(3) 将油相加入热达80℃的水相中，剧烈搅拌，冷却至50℃以后，加入雪莲醇提物、香精、去离子水缓缓搅拌，冷却至45℃出料包装即可。

实例4：

(1) 将聚硅氧烷、肉豆蔻酸异丙酯、十六醇、醇脂酸、对2,2-乙氧基-5-甲基肉桂酸混合均匀备用；

(2) 将三乙醇胺、十二烷基硫酸钠、吐温-60、雪莲醇提物混合均匀备用；

(3) 将抗氧化剂、防腐剂、去离子水混合备用；

(4) 将混合物（1）和混合物（3）分别加热至90℃，然后将混合物（1）缓缓加入混合物（2）中搅拌，80℃搅拌30min，降温至55℃，先加入混合物（3），再加入香精搅拌，降温至45℃出料包装即可。

〈产品应用〉

本品适用于皮肤化妆品，如护肤霜、防晒霜、增白霜等膏霜类，可充分起到保护和滋养皮肤的作用。另外，本品对促进伤口愈合、防止皮肤皲裂效果显著，可调制手、脚用的防裂膏。

〈产品特性〉

本品原料易得，工艺简单，成本较低；产品质量稳定，具有保湿、延缓皮肤衰老等美容功效，还可杀菌消炎、促进血液循环、增强皮肤细胞活性，用于化妆品中效果理想，对皮肤无刺激，安全可靠；而且作为化妆品和皮肤外用护肤品的新型原料，有很高的经济效益。

配方 11 护肤制剂

◀原料配比▶

原料	配比（质量份）			
	1#	2#	3#	4#
蝎子草原汁液	10	—	10	—
金蝎原汁液	—	10	—	10
甘油	50	50	—	—
凡士林	50	50	—	—
雪花膏	—	—	100	100

表1：蝎子草原汁液

原料	配比（质量份）
蝎子草	100
山梨酸钾	0.006
麦芽酚	0.003

表2：金蛤蟆原汁液

原料	配比（质量份）
金蛤蟆	100
山梨酸钾	0.006
麦芽酚	0.003

表3：金蝎原汁液

原料	配比（质量份）
金蛤蟆原汁液	100
蝎子草原汁液	100

◀制备方法▶

1. 制作半成品蝎子草原汁液：

(1) 将采集到的蝎子草清洗、破碎、制汁、粗滤、澄清、精滤成液。

(2) 将物料（1）与山梨酸钾、麦芽酚配制，装瓶后辐射灭菌，得蝎子草原汁液，是一种可以保藏的半成品。

2. 制作半成品金蛤蟆原汁液：

(1) 将采集到的金蛤蟆清洗、破碎、制汁、粗滤、澄清、精滤成液。

(2) 将物料（1）与山梨酸钾、麦芽酚配制，装瓶后辐射灭菌，得金蛤蟆原汁液，是一种可以保藏的半成品。

(3) 将蝎子草原汁液与金蛤蟆原汁液分别按（1∶9）～（9∶1）配制，得金蝎原汁液，也是一种可以保藏的半成品。

3. 制作护肤制剂：

(1) 将甘油与凡士林按1∶1配制。

(2) 将物料（1）与蝎子草原汁液和金蝎原汁液分别按10∶1配制、包装、入库。

(3) 将雪花膏与蝎子草原汁液和金蝎原汁液分别按10∶1配制、包装、入库。

◀产品应用▶

本品能够防止皮肤干裂、消除脚气、防止被蚊虫叮咬，还可治疗冻伤与旱疱疹，特别是当蜂蜇后，涂敷在受伤部位可迅速止疼、止痒、消肿。

◀产品特性▶

本品配方新颖独特，工艺简单，产品质量稳定，使用效果显著，方便安全。

配方 12　黄芪甲苷抗皮肤衰老护肤化妆品

◀原料配比▶

实例1：护肤膏剂（一）

	原料	配比（质量份）
A	精制水	72
	甘油	8
	氢氧化钾	0.5
B	硬脂酸	14
	单硬脂酸甘油酯	1.5
	十八醇	1.5
	甘油	1.85

	原料	配比（质量份）
C	黄芪甲苷	0.0004
D	尼泊金丁酯	0.2
E	二叔丁基甲酚	0.02
F	香精	0.5

实例2：护肤霜剂（一）

	原料	配比（质量份）
A	白油	29
	凡士林	7
	蜂蜡	8
	羊毛脂	10
	斯盘-60	2
	吐温-60	3
	吡咯烷酮羧酸钠	1
B	精制水	32
	硼砂	0.7
	尼泊金甲酯	0.15
C	黄芪甲苷	0.005
D	没食子酸丙酯	0.05
E	香精	0.8

实例3：护肤膏剂（二）

	原料	配比（质量份）
A	硬脂酸	6
	棕榈酸异丙酯	6
	聚氧乙烯月桂醚	4
	白凡士林	6
	液体石蜡	8.4
	聚氧乙烯失水山梨醇单油酸酯	4.4
B	甘油	20
	精制水	33

	原料	配比（质量份）
B	尼泊金乙酯	0.2
	山梨酸	0.2
C	黄芪甲苷	0.005
D	去甲二氢愈创木酸	0.01
E	香精	0.7

实例 4：护肤霜剂（二）

	原料	配比（质量份）
A	十六醇	10
	硬脂酸	4
	橄榄油	5
	白油	23
	羊毛脂	11
	聚氧乙烯油醇	6
B	三乙醇胺	2
	精制水	36.2
	尼泊金乙酯	0.18
	凯松	0.05
C	黄芪甲苷	0.03
D	维生素 E	0.1
E	香精	1

〈制备方法〉

实例 1：

先将 B 相原料混合搅拌，加入黄芪甲苷在 B 相中充分溶解；另将 A 相原料混合搅拌；将 A 相和 B 相分别加热至 90℃，然后将 A 相缓缓加入 B 相中继续搅拌乳化，待温度降至 45℃时，加入 D、E、F 并混合均匀，放置 24h 后分装，制得护肤膏剂（一）。

实例 2：

将 A 相原料置于乳化器中混合，加热至 80～90℃，搅拌均匀，在搅拌下加入黄芪甲苷使其充分溶解；将 B 相中的硼砂、尼泊金甲酯在精制水中搅拌混合，溶解；然后将 A、B 两相进行搅拌乳化，当温度降至 45℃时加入 D 和 E，搅拌均匀即成护肤霜剂（一）。

实例 3 与实例 4：

（1）将油质原料和乳化剂加热至 70～90℃时加入黄芪甲苷搅拌均匀，使黄芪甲苷全部溶解，备用；

（2）将碱剂、保湿剂、防腐剂和水混合，不断搅拌加热至 70～90℃，搅拌均匀至全部溶解，维持 20min 灭菌后备用；

（3）将物料（1）和（2）混合，搅拌乳化，至 45～50℃时加入香精和抗氧化剂，搅拌均匀，静置过夜再经匀质器（三辊机或胶体磨）均匀后，脱气，检验合格后，即可制成油/水型护肤膏剂或水/油型护肤霜剂。

《产品应用》

本品对皮肤衰老具有较强的防治作用。

《产品特性》

本品原料易得，配比科学，工艺简单易操作，适合工业化生产，并且为黄芪甲苷的医疗用途开拓了新的应用领域；产品性能优良，外观细腻，气味宜人，使用效果显著，无刺激性，安全可靠。

配方 13　精油添加型护肤品

《原料配比》

原料	配比（质量份）		
	1#	2#	3#
柠檬精油	3.5	3.1	6
薰衣草精油	10	10	5
天竺葵精油	0.3	0.3	0.1
广藿香精油	0.7	0.3	0.7
快乐鼠尾草精油	0.7	0.8	0.5
玫瑰精油	1.5	1.5	0.6
维生素 E	3	3	1
2,5-二叔丁基对甲酚（抗氧化剂）	0.05	—	0.1
小麦胚芽油	加至 100	加至 100	加至 100

《制备方法》

将上述各原料在室温下混合，搅拌均匀即可。

《产品应用》

本品能够淡化皮肤色素、减褪色斑、均衡调理肤色、美白肌肤，具有很好的滋养保湿功效；对消除轻微的粉刺也有很好的效果，并能防止炎症引起的色素沉积。

《产品特性》

本品工艺简单，配方科学，利用植物精油的各种功效，并辅以其他成分，发挥协同作用，从根本上改善皮肤状况，效果显著，并且无刺激性，使用方便安全。

配方14 抗炎、止痒、祛痱护肤露

《原料配比》

原料	配比（质量份）
冰片	2
薄荷脑	2
维生素 B_6	1
氯霉素（无味氯霉素）	2
精氨酸	0.2
确炎舒松	0.025
丙二醇	60
乙醇	5
去离子水	27.775

《制备方法》

方法一：将丙二醇与去离子水混合加热至90～100℃，维持10min，作为基本溶液，开动搅拌，冷却，温度控制在90℃时开始投料；先加入氯霉素，待温度冷却至70℃加入确炎舒松，待温度冷却至60℃加入精氨酸、维生素 B_6，冷却至50℃加入薄荷脑，冷却至40℃加入冰片，在40℃时，维持30～50min，用500mL量筒取样，观察是否有尚未溶解的固形物，一切正常后用300目筛子过滤，得到成品。

方法二（冷加法）：

（1）精确称取丙二醇，放入带有搅拌的容器内，以120r/min的速度搅拌，将无味氯霉素渐渐投入容器内，20～30min后，观察丙二醇料液是否透明，达到全部透明则说明全部被溶解。

（2）将冰片、薄荷脑及维生素 B_6 分别用乙醇溶解，乙醇的总用量为5，有些物品经溶解后尚余留些固形物质，可用去离子水稀释溶解，但所用的去离子水，包括在水的总量内。

（3）将溶液（2）投入溶液（1）中，同时将确炎舒松、精氨酸也投入，当所有的药料投完后，再补足去离子水，搅拌速度保持在120r/min。以上全部投料完毕后，要维持 60min 的搅拌，中间用 500mL 量筒取样观察有无固形物尚未溶解，若一切正常，搅拌结束后用 300 目筛子过滤，出料，得到成品。

冷加法操作应注意以下事项：

(1) 所用去离子水必应经紫外线杀菌；

(2) 投产前的容器必须用 75％的酒精消毒杀菌，其中包括一切用具等；

(3) 成品的 pH 值必须控制在 5.5～6.5 的范围内；

(4) 无味氯霉素事先要用丙二醇打成浆，然后投料，其目的是控制尘扬、加速溶解、不易结块；

(5) 确炎舒松同样用丙二醇稀释后投料。

◀产品应用▶

本品能够预防皮肤炎症，又可对已发炎的皮肤起到治疗作用，特别是对皮炎、痱子、癣、粉刺（青春痘）及扁平疣等具有显著疗效。

◀产品特性▶

本品配方科学，工艺简单，在无能源条件的单位也能生产，适应性强，易于推广；产品使用方便，效果显著。

配方 15 芦荟护肤洗洁露

◀原料配比▶

原料		配比（质量份）	
		1#	2#
芦荟和仙人掌提取液		80	40
水		20	10
表面活性剂	烷基苯磺酸钠	20	10
	脂肪醇聚氧乙烯醚	16	8
	脂肪醇醚硫酸钠	5	5
氯化钠		2	1
香料和色料		适量	适量
柠檬酸		适量	适量

◀制备方法▶

将芦荟和仙人掌去刺、清洗干净后切碎，用打浆机打成浆过滤，将滤液和水投入配料罐内，加入表面活性剂，加热至 60℃，搅拌均匀至溶液呈透明，再加入氯化钠，然后用柠檬酸调节 pH 值至 7～7.5，最后加入香料及色料，搅拌均匀即为成品。

<◀ 产品应用 ▶>

本品既具有护肤作用，又具有去污洗洁效果。

<◀ 产品特性 ▶>

本品工艺简单，配方科学，以天然美容植物为主要原料，不伤手，不刺激皮肤，可取代化学洗洁精成为新型去污洗洁剂。

配方 16 美容护肤保健按摩乳

<◀ 原料配比 ▶>

实例 1：祛色斑按摩乳

表 1：基质

原料	配比（质量份）
硬脂酸	2.6
十六醇	2.6
凡士林	6.5
11#液体石蜡	10
羊毛脂	2.6
丙二醇	2.6
聚氧乙烯甘油醚单硬脂酸酯	2.6
聚乙二醇	4
三羟基三乙胺	1.3
精制水	60
乙醇	4
香料	0.5
抗氧化剂	0.4
尼泊金乙酯	0.3

表 2：按摩乳

原料	配比（质量份）					
	1#	2#	3#	4#	5#	6#
色斑系列按摩乳基质	77	78	76	75	80	79
人胎盘水解液	0.5	—	—	0.5	0.7	—
芦荟素	0.2	0.2	—	—	—	0.2

续表

原料	配比（质量份）					
	1#	2#	3#	4#	5#	6#
维生素 C	0.1	0.1	—	—	0.1	—
赤霉酸	—	—	0.3	—	—	0.2
苏木素	—	—	—	0.03	—	0.05
乳清酸	—	0.5	—	—	0.6	—
维生素 B$_{12}$	—	0.1	0.1	—	0.1	—
咖啡酸	—	—	—	1	—	—
黄芩黄素	0.05	—	—	—	—	0.05
曲酸	—	1	—	—	—	—
精制水	22.15	21	22.3	23.27	18.4	20.5
蛋膜素	—	—	0.2	0.2	—	—
维生素 A	—	0.1	0.1	—	0.1	—

实例 2：祛雀斑系列按摩乳

表 1：基质

原料	配比（质量份）
硬脂酸	2.5
十六醇	2.5
羊毛脂	6.25
马脂	3.75
单硬脂酸甘油酯	2.5
聚氧乙烯甘油醚单硬脂酸酯	2.5
辛酸/癸酸三甘油酯	6.25
聚乙二醇	6.25
乙醇	6.25
精制水	60
香料	0.625
抗氧化剂	0.375
尼泊金乙酯	0.25

表2：按摩乳

原料	配比（质量份）					
	1#	2#	3#	4#	5#	6#
祛雀斑系列按摩乳基质	80	75	77	76	79	78
麦芽醇	0.01	0.01	—	—	—	0.01
维生素 C	0.1	0.1	—	—	—	0.1
赤霉酸	0.3	—	—	0.3	—	—
丝肽（20%质量分数）	—	—	1	1.5	1.5	1
乳清酸	—	0.5	—	—	0.4	—
维生素 A	—	0.1	—	—	0.1	—
维生素 B$_{12}$	—	0.1	—	—	0.1	—
L-抗坏血酸钠	0.2	—	0.2	—	0.2	—
黄芩黄素	—	—	—	0.05	—	—
曲酸	—	—	1	—	—	1
维生素 B$_1$	0.1	—	—	—	—	0.1
人胎盘水解液（5%质量分数）	—	3	2.5	2.5	—	—
精制水	19.29	21.19	18.3	19.65	18.7	19.79

实例3：美容润肤系列按摩乳

表1：基质

原料	配比（质量份）
单硬脂酸甘油酯	5
三辛酸甘油酯	5.7
7#液体石蜡	7
羊毛脂	5.7
吐温-60	4.6
卵磷脂	3
山梨醇	4
精制水	58
乙醇	5.6
香料	0.6
抗氧化剂	0.3
苯甲酸钠	0.5

表 2：按摩乳

原料	配比（质量份）					
	1#	2#	3#	4#	5#	6#
美容润肤系列按摩乳基质	78	80	80	79	78	79
L-天冬氨酸钠	0.2	—	—	0.2	—	0.2
谷甾醇	—	0.01	—	—	—	0.01
咖啡酸	—	—	1	—	2	—
胶原蛋白	0.75	—	0.75	—	0.5	—
维生素 B_1	—	0.01	—	0.01	0.01	—
DL-丝氨酸	0.5	—	—	0.2	—	—
芦荟液	—	—	0.2	—	0.1	0.2
修饰 SOD（超氧化物歧化酶）	1	1	—	—	—	0.6
麦芽醇	0.01	—	—	0.01	—	0.5
维生素 A	0.01	0.01	—	—	—	0.01
维生素 E	—	0.01	—	—	—	0.01
明胶	—	—	—	1	—	—
精制水	19.53	18.96	18.05	19.58	19.39	19.47

实例 4：美容抗皱系列按摩乳

表 1：基质

原料	配比（质量份）
月桂酸	1.5
精制水	67.29
羊毛脂	3.4
十六醇	3.2
硬化棕榈油	2
角鲨烷	6
吐温-60	2.5
斯盘-60	2.5
甘油	6
香料	0.6
维生素 E	0.01
抗氧化剂	0.4
乙醇	4
苯甲酸钠	0.6

表2：按摩乳

原料	配比（质量份）					
	1#	2#	3#	4#	5#	6#
美容抗皱系列按摩乳基质	78	79	80	80	80	79
人胎盘水解液（5%质量分数）	3	—	—	—	3	—
羊胎盘水解液（5%质量分数）	—	3	2	—	—	2
胶原蛋白	—	0.6	—	0.75	0.5	—
曲酸	—	—	—	2	—	1
蛋膜素	0.5	—	0.2	—	0.2	—
月见草油	—	0.05	—	0.05	—	—
修饰SOD	—	—	1	—	—	0.5
维生素E	—	0.01	—	0.01	—	—
精制水	18.5	17.34	16.8	17.19	16.3	17.5

实例5：祛老年斑系列按摩乳

表1：基质

原料	配比（质量份）
月桂酸	2
十六醇	3
蜂蜡	2.5
聚氧乙烯甘油醚单硬脂酸酯	2.5
单硬脂酸甘油酯	1.25
丙二醇	6.25
乙醇	12
精制水	69.3
香料	0.6
抗氧化剂	0.3
尼泊金甲酯	0.3

表2：按摩乳

原料	配比（质量份）					
	1#	2#	3#	4#	5#	6#
老年斑系列按摩乳基质	80	80	80	80	80	80
赤霉酸	—	0.5	—	—	—	—
苏木素	—	0.03	0.03			
乳清酸	0.5	—		—		0.5
维生素 C	0.01	0.01	—			
维生素 A	0.01					0.01
维生素 B$_{12}$	0.01					0.01
咖啡酸	—	—	1.5	—		—
黄芩黄素	—	—		0.05		0.05
曲酸	—	—		2		
修饰 SOD	—	—		—	1.5	
丝肽（500）（20%质量分数）	1	1	0.47	0.95		0.98
维生素 B$_1$	—	—		—	0.01	—
精制水	18.47	18.46	18	17	18.49	18.45

实例6：祛疤痕系列按摩乳

表1：基质

原料	配比（质量份）
吐温-60	3.8
斯盘-60	3.8
羊毛脂	6.25
丙二醇	6.25
三乙醇胺	2.5
辛/癸酸甘油酯聚氧乙烯（$n=8$）醚	6.25
精制水	63
香料	0.65
尼泊金甲酯	0.625
抗氧化剂	0.625
乙醇	6.25

表 2：按摩乳

原料	配比（质量份）					
	1#	2#	3#	4#	5#	6#
祛疤痕系列按摩乳基质	72	74	75	70	75	76
脱氧核糖核酸	0.1	—	—	0.1	0.1	—
珍珠粉水解液（10%质量分数）	5	—	—	3	—	5
氢氧化钠水溶液（5%质量分数）	—	3	—	—	3	—
L-胱氨酸	—	1	—	—	1	—
胶原蛋白	—	2	—	—	2	—
蛋膜素	0.5	—	0.5	—	—	0.75
胸腺素	—	—	3	—	3	1
植物甾醇	0.2	—	—	3	—	—
透明质酸（10%质量分数）	—	—	5	—	2	—
黄芩黄素	0.2	—	—	—	—	0.2
乙醇	3	—	—	5	—	—
维生素 E	1	—	—	1	—	—
尿囊素	—	0.2	0.2	—	0.2	0.2
精制水	18	19.8	16.3	15.9	15.7	16.85

◀ 制备方法 ▶

1. 系列按摩乳基质的制备：

（1）将水溶性原料加热溶解，并在 60～95℃ 的条件下搅拌 0.1～3h，使之充分溶解，得水溶物。

（2）将香料、抗氧化剂溶解，得香料防腐液。

（3）将油性原料加热熔化，并在 60～95℃ 的温度下搅拌 0.1～3h，使之均匀混合，得油熔物。

（4）将油熔物（3）与水溶物（1）混合进行预乳化后送入均质器，在 60～95℃ 温度下均质乳化 0.5～5h，得均质乳化物。

（5）将均质乳化物（4）冷却至 30～70℃，加入香料防腐液（2），继续搅拌 0.5～5h，即得。

2. 系列按摩乳的制备：

（1）将系列按摩乳基质加热至 40～95℃，搅拌。

（2）将水溶性营养成分溶解加热至 40～95℃ 搅拌，得水溶性营养液。若有醇溶性添加剂，可将醇溶性添加剂于醇中溶解得醇溶物。

（3）将步骤（2）所得水溶性营养物、醇溶物分别加入系列按摩乳基质（1）中，在 40～95℃ 温度下经搅拌均质乳化 0.5～5h 后，冷却至 30～40℃，即得成品。

◆产品应用▶

本系列产品分别起美容护肤、驻颜除皱、祛斑治病、恢复肌肤弹性、延缓肌肤衰老等作用，配合手法按摩及面部按摩器按摩使用效果加倍。

◆产品特性▶

本系列产品配方科学，工艺简单易掌握，产品质量稳定，使用效果理想，并且无刺激性，安全可靠。

配方 17　美容护肤组合物

◆原料配比▶

实例 1：

原料	配比（质量份）		
	1#	2#	3#
神经生长因子（NGF）	6	3	1
蚓激酶	0.016	2	6.5
丙二醇	12	10	9
丙三醇	8	9	11
三乙醇胺	2	5	3
卡波姆	0.5	1	2
尼泊金酯	0.08	0.12	0.18
杜香油	3	2	0.1
超纯水	78	76	76.4

实例 2：

原料	配比（质量份）	
	1#	2#
神经生长因子（NGF）	2	4
蚓激酶	6	4
降纤酶	0.3	3
卡波姆	2	1.5
三乙醇胺	1	2.5
氮酮	0.4	1
丙二醇	15	13

续表

原料	配比（质量份）	
	1#	2#
丙三醇	3	4
维生素 E	0.05	1
维生素 C	3	2
超纯水	52＋25	66

实例 3：

原料	配比（质量份）
神经生长因子（NGF）	3
蚓激酶	6
降纤酶	2
丙二醇	20
卡波姆-940	0.6
杜香油	0.25
三乙醇胺	1
苯甲醇	0.6
超纯水	适量

实例 4：

原料	配比（质量份）		
	1#	2#	3#
神经生长因子（NGF）	1.5	5	3
蚓激酶	8	2	6
卡波姆-940	3	1	2
葵花籽油	15	12	8
玉米油	24	10	16
橄榄油	9	20	16
聚山梨酯	2	12	8
三乙醇胺	1	5	3
丙三醇	24	20	21
丙二醇	10	4	6
乙醇	9	2	5
超纯水	适量	适量	适量

实例 5：

原料	配比（质量份）	
	1#	2#
神经生长因子（NGF）	5	3
蚓激酶	0.1	1
降纤酶	2.5	1
硬脂酸	14	16
单硬脂酸甘油酯	6	4
橄榄油	8	6
麻油	6	7
线麻籽油	4	7
三乙醇胺	1	0.6
液体石蜡	3	1
尼泊金乙酯	0.06	0.12
维生素 E	0.08	1.5
丙二醇	2.5	3.5
丙三醇	2.5	2
氮酮	0.06	0.1
天然香料	适量	适量
超纯水	适量	适量

实例 6：

原料	配比（质量份）		
	1#	2#	3#
神经生长因子（NGF）	1	2	1.5
蚓激酶	0.1	0.6	0.3
橄榄油	8	1	4
玉米油	8	2	5
麻油	1	6	4
丙三醇	2	6	3
硬脂酸三乙醇胺盐	5	1	3
胍的硫酸盐	10	1	6
超纯水	适量	适量	适量

制备方法

实例1：

（1）取卡波姆分次撒入适量超纯水中，使其缓缓溶解，加入丙三醇，得溶液；

（2）另取神经生长因子和蚓激酶，加入丙二醇搅拌均匀，得溶液；

（3）将溶液（2）缓缓加入溶液（1）中，并不断搅拌，至均匀后加入尼泊金酯溶液迅速搅拌，至均匀后再加入三乙醇胺，使中和成透明凝胶，然后加入杜香油及剩余的超纯水，搅拌均匀后分装于避光的容器中，储存于阴凉处。

实例2：

（1）取卡波姆，加入丙二醇、丙三醇，调成糊状后加入适量超纯水浸泡，搅拌使其溶解，然后滴加三乙醇胺，得溶液；

（2）将神经生长因子、蚓激酶和降纤酶加入溶液（1）中，再加入氮酮、维生素E、维生素C和剩余的超纯水，搅拌均匀得凝胶状产品，分装于避光容器中，储存于阴凉干燥处。

实例3：

（1）将卡波姆-940分撒于适量的加热后的超纯水中，放置24h左右自然溶解，然后加入三乙醇胺调节pH值至6.5～7.5，得凝胶基质；

（2）将神经生长因子、蚓激酶、降纤酶、丙二醇、杜香油、苯甲醇加入上述凝胶基质中，然后加入适量超纯水，混匀即得产品，分装于避光的容器中，储存于阴凉干燥处。

实例4：

（1）取丙三醇，加入卡波姆-940，混匀后加入适量的超纯水使其立刻溶解，得溶液；

（2）分别另取葵花籽油、玉米油、橄榄油加入三乙醇胺中，搅拌均匀，得溶液；

（3）将溶液（2）加入溶液（1）中搅拌，同时加入聚山梨酯继续搅拌，然后加入丙二醇、乙醇、神经生长因子、蚓激酶和适量超纯水，继续搅拌至乳胶状即得产品，分装于避光的容器中，储存于阴凉干燥处。

实例5：

（1）将硬脂酸、单硬脂酸甘油酯、橄榄油、麻油、线麻籽油、液体石蜡混合熔融至80～85℃，加入维生素E，搅拌溶解得油相；

（2）另取三乙醇胺、尼泊金乙酯、丙二醇、丙三醇及超纯水制得水相；

（3）将水相缓缓加入油相中，边加入边搅拌，冷却至40℃以下时加入神经生长因子、蚓激酶、降纤酶、氮酮及天然香料，搅拌后放置至常温，即得产品。

实例6：

（1）取胍的硫酸盐加入超纯水，使胍的硫酸盐溶解于超纯水中，得溶液；

（2）将神经生长因子、蚓激酶、橄榄油、玉米油、麻油、丙三醇、硬脂酸三乙醇胺盐混合均匀，得柔软剂；

（3）将溶液（1）加入柔软剂（2）中搅拌均匀，即得液状润肤剂。

《原料介绍》

神经生长因子（NGF）是一种多功能生长因子，除神经系统外，它还能改善免疫、造血、内分泌和生殖等多系统的功能。

蚓激酶具有超氧化物歧化酶及各种溶酶的作用，它可以改善微循环、有效预防肌肤老化、增强肌肤细胞的再生能力和自身免疫能力，令肌肤柔滑、红润、有弹性。

《产品应用》

本品不仅有护肤、改善肌肤粗糙的美容作用，并且对雀斑、黄褐斑、炎症后色素沉着、痤疮及面部湿疹均有效，对治疗烫伤也有一定效果。

《产品特性》

本品配方科学合理，工艺简单，使用方便，具有调整和美容的双重功效，能从不同层次位置上参与皮肤的新陈代谢和修复更新，同时抑制皮肤脂质过氧化，对皮肤起滋养活化作用。

本品不含激素，长期使用不产生依赖性，对肌肤无不良影响。

配方 18　祛斑保湿护肤剂

《原料配比》

原料		配比（质量份）					
		1#	2#	3#	4#	5#	6#
油相原料	液体石蜡（轻质）	35	10	25	—	—	—
	18#白油	—	—	—	10	10	10
	凡士林	—	1	10	9	9	9
	蜂蜡	17	—	12	4.5	4.5	4.5
	羊毛脂	10	2.5	—	22	22	22
	石蜡	—	—	5	—	—	—
	鲸蜡醇	—	10.5	—	—	—	—
	肉豆蔻酸异丙酯	—	—	22	—	—	—
	山梨醇酐单硬脂酸酯	2	—	—	—	—	—
	聚氧乙烯山梨醇酐单硬脂酸酯	2	—	—	—	—	—
	硬脂酸	—	—	—	3.1	3.1	3.1
	单硬脂酸甘油酯	—	—	—	11	11	11

续表

原料		配比（质量份）					
		1#	2#	3#	4#	5#	6#
水相原料	三乙醇胺	—	—	—	0.3	0.3	0.3
	硼砂	—	—	0.7	0.6	0.6	0.6
	十二烷基二甲基苄基氯化铵	—	3	—	—	—	—
	水（精制水）	加至100	加至100	加至100	加至100	加至100	加至100
活性成分	茶多酚	0.8	0.8	0.8	0.01	8	1.2
	薏苡仁提取物	10	10	10	12	1	5
	白芷提取物	7	7	7	12	1	5
	维生素E	8	8	8	10	1	5
	透明质酸	0.01	0.01	0.01	0.01	0.4	0.05
色素		适量	适量	适量	适量	适量	适量
香料		适量	适量	适量	适量	适量	适量

注：由于活性成分里含有适量的水，加上活性成分里的水总重至足量。

《制备方法》

（1）将油相原料加热到70～90℃，将水相原料加热到80～90℃，维持15～25min灭菌，冷至70～80℃；

（2）将油相原料徐徐加到水相原料溶液中，使之充分乳化，继续缓慢搅拌，冷却至35～45℃，加入茶多酚、薏苡仁提取物、白芷提取物、维生素E、透明质酸和香料、色素，搅拌均匀即可。

《产品应用》

本品具有以下功效：

（1）祛斑、抑制黑色素产生、防止紫外线侵扰，从而更有效地平衡油脂分泌。

（2）补充肌肤所需的水分，防止皮肤缺水或老化及各种皮肤感染。

（3）改善血液循环，促进新陈代谢，帮助皮肤制造骨胶原，使皮肤充满弹性、柔软。

（4）消肿、抗菌。

《产品特性》

本品原料配比及工艺科学合理，质量稳定，使用效果显著，并且不刺激皮肤；产品可以制成霜剂、乳剂、洗面乳液、面膜等各种剂型，满足不同使用要求。

配方 19　祛痘护肤液

《原料配比》

原料	配比（质量份）					
	1#	2#	3#	4#	5#	6#
海螵蛸粉	100	90	110	95	105	110
水溶珍珠粉	10	6	12	8	12	12
芦荟凝胶冻干粉	0.5	0.1	1	1	1	1
白及干粉	15	10	20	15	20	10
凯松防腐剂	适量	适量	适量	适量	适量	适量
蒸馏水	适量	适量	适量	适量	适量	适量

《制备方法》

（1）用蒸馏水将海螵蛸粉和白及干粉浸泡 20min，用中火煮 10min，放置 24h 后取上清液；

（2）向步骤（1）所得上清液中依次加入水溶珍珠粉、芦荟凝胶冻干粉，待完全溶解后，再加入凯松防腐剂 0.1%～0.15%，放置 24h 后取其上清液，即为产品。

《产品应用》

本品对各种皮肤痤疮具有抗菌止痒、减少油脂分泌、抑制毛囊角化等作用，可消除痤疮后皮肤红、紫印痕的状况。

使用时，将本品涂于患处即可。

《产品特性》

本品配方科学，工艺简单，成本低；使用方便，疗效高，并且无不良反应。

配方 20　人参护肤油

《原料配比》

原料	配比（质量份）
药用乙醇（溶剂）	53
人参液	6
羊毛脂	5
水貂油	0.4
丙三醇	26
聚乙二醇	6

原料	配比（质量份）
硼酸	2
安息香酸钠	0.05
香精	0.3
AEO-9（脂肪醇聚氧乙烯醚）	0.5

《制备方法》

依次向溶剂药用乙醇中加入人参液、聚乙二醇和羊毛脂、丙三醇和硼酸、水貂油、安息香酸钠、香精和 AEO-9。

《产品应用》

本品适用于保养肌肤。

《产品特性》

本品配方中既含有油性成分，又含有醇性成分，集醇性和油性化妆品的优点于一体，产品外观透明，用后在面部形成薄膜，既能护肤，又易冲洗，不污染皮肤和衣服。

配方 21　生物波纳米生物活性护肤品

《原料配比》

原料	配比（质量份）	
	1#	2#
ZrO_2 纳米颗粒	177	58
ZnO 纳米颗粒	3	10
十六-十八混合醇	190	300
肉豆蔻酸异丙酯	120	110
单硬脂酸甘油酯	80	90
聚二甲基硅氧烷	80	70
维生素 E	70	60
人参皂苷	30	20
甘油	280	330
水溶性羊毛脂	180	180
月桂氮酮	140	122
十二烷基磷酸酯钠盐	90	90
乙二胺四乙酸二钠	60	60

原料	配比（质量份）	
	1#	2#
对羟基苯甲酸甲酯	适量	适量
香精	适量	适量
去离子水	1500	1500

《制备方法》

（1）将 ZrO_2 和 ZnO 的纳米颗粒与十六-十八混合醇、肉豆蔻酸异丙酯、单硬脂酸甘油酯、聚二甲基硅氧烷、维生素 E 混合均匀成胶糊状；

（2）另将人参皂苷、甘油、水溶性羊毛脂、月桂氮酮和去离子水混合均匀；

（3）将油性胶糊状物料（1）与水溶液（2）混合，搅拌均匀，加入十二烷基磷酸酯钠盐、乙二胺四乙酸二钠，在 $60 \sim 70℃$ 温度下继续混合 $30 \sim 60min$，待冷却至室温（25℃）后，再加入对羟基苯甲酸甲酯和香精，混合均匀后进行分装即得成品。

《产品应用》

本品能够增加皮肤生物活性，防止皮肤老化和滋养皮肤，并具有抗紫外线的功能。

《产品特性》

本品工艺简单，配方科学新颖，利用生物波的生物功能来改善皮肤的微循环，促进新陈代谢，活化细胞，从而改善皮肤的质量与活性；产品质量稳定，使用效果理想，并且无刺激性。

所述纳米颗粒的生物波辐射率≥90%，生物波是指人体通过皮肤辐射出的电磁波，它的波谱范围为 $2 \sim 20\mu m$，因此定义为生物波。生物波与纳米材料辐射波谱频率相同时发生共振，使皮肤微循环得到改善，使皮肤更加健康。另外，该材料对紫外线的吸收率可达 90%～98%。

配方 22　无刺激驱蚊护肤乳剂

《原料配比》

原料		配比（质量份）	
		1#	2#
植物提取精油	迷迭香油	0.2	—
	薄荷油	0.5	0.5
	薰衣草油	0.3	0.6

续表

原料		配比（质量份）	
		1#	2#
植物提取精油	刺柏油	0.5	—
	松针油	0.2	—
	香茅油	0.5	—
	百里香油	—	0.2
	玫瑰油	—	0.2
	洋甘菊	—	0.5
	桉叶油	—	0.1
乳化剂	脂肪醇聚氧乙烯醚	5	—
	蔗糖脂肪酸酯	1	—
	聚氧乙烯-失水山梨醇单脂肪酸酯	—	1
润肤剂	甘油	1	—
	二甲基硅油（高黏度）	2	2
	乳酸月桂酯	1	—
	十六-十八混合醇	—	4
	十四酸异丙酯	—	3
防腐剂	尼泊金酯	0.1	—
	KCG（异噻唑啉酮）	—	0.5
DMP（邻苯二甲酸二甲酯）		15	10
卡波姆		0.6	0.5
去离子水		70	75
氢氧化钾溶液		适量	适量

◆〈制备方法〉

（1）将植物提取精油搅拌均匀备用；

（2）将卡波姆加入去离子水中，搅拌，加热到 60~70℃，使之溶解于水；

（3）将乳化剂、润肤剂与 DMP 先加热至 70℃，搅拌混合均匀成油相；

（4）将油相（3）加入水相（2）中，快速搅拌或均质均匀，冷却到 50℃，加入氢氧化钾溶液，将乳剂中和调节到 pH 值为 6~7.5，再加入植物提取精油（1）和防腐剂，并继续搅拌，冷却至室温即可。

可以通过控制卡波姆的加入量，配制成乳液、乳膏或乳霜产品。

本品有护肤作用，并且驱蚊效果好，尤其适合儿童及过敏性皮肤者使用。

《产品特性》

本品工艺简单，配方科学，是由传统的驱蚊原料驱蚊油DMP，通过加入具有驱蚊与抗刺激抗过敏双重作用的植物提取精油及乳化剂、润肤剂、去离子水等组分制成的稳定乳剂。该乳剂驱蚊效果好，与单纯含同等量DMP的驱蚊酊剂相比，有效驱蚊时间可延长2～4h，且该乳剂无刺激性，无过敏反应，用后无油腻感，肤感爽洁，安全方便。

配方 23 消毒灭菌护肤液

《原料配比》

原料	配比（质量份）
三氯生	6.5
酒精	29
丙二醇	36
甘油	0.5
蒸馏水	27.3
香精	0.7

《制备方法》

(1) 先将三氯生溶于酒精中，得混合液A；

(2) 另将丙二醇溶于甘油中，得混合液B；

(3) 将混合液A和B倒入蒸馏水中，搅拌混合均匀，最后加入香精，搅拌混合均匀即得成品。

《产品应用》

本品可用于防治由细菌及真菌引起的皮肤病。对于消除脚气、疮疤有效；对体癣、股癣、痱子、蚊虫叮咬等有显著效果，并且具有预防作用，可有效减少感染；还可用于防止皮肤过敏及皮肤炎症，对伤口感染、阴囊湿疹、带状疱疹有特殊功效。

《产品特性》

本品工艺简单，配方科学，产品具有高效广谱抗菌性，对大肠杆菌、金黄色葡萄球菌的消灭率达到95%以上，具有持续长期的杀菌效果，使用方便安全，气味芳香宜人。

配方 24 消毒灭菌护肤洗液

❮原料配比❯

原料	配比（质量份）					
	1#	2#	3#	4#	5#	6#
三氯生	0.3	0.1	0.5	0.2	0.4	0.4
酒精	15	20	17	17.5	20	13
甘油	2	0.5	3	2	2	1.5
丙二醇	37	35	41	30	39.4	45
香精	0.2	0.1	0.5	0.3	0.2	0.4
水	45.5	44.3	38	50	38	39.7

❮制备方法❯

（1）将三氯生溶入酒精中；

（2）将甘油、丙二醇混合搅拌均匀；

（3）将混合液（1）和（2）溶入水中，搅拌均匀，再加入香精，搅拌均匀即可。

❮产品应用❯

本品可防治皮肤瘙痒、皮炎、手癣、体股癣、头痒等，对蚊虫叮咬也有很好的疗效。

❮产品特性❯

本品配方科学，工艺简单，成本低，市场前景广阔；产品具有高效广谱抗菌性，尤其对金黄色葡萄球菌的平均抑菌率为 92.84%，对白色念珠菌的平均抑菌率为 91.4%，同时对大肠杆菌、螨虫抑菌效果明显，对皮肤起保护作用，使用方便安全。

配方 25 护肤保健品

❮原料配比❯

实例 1：消炎抗敏花露水

原料	配比（质量份）
甲灭酸或甲氯灭酸	0.1～0.5
甘草酸钾或甘草酸铵	0.5～1

续表

原料	配比（质量份）
香精	适量
色素	适量
70%酒精	1000（体积份）
水	300
稀氨水	适量

实例2：类SOD护肤霜（乳）

原料	配比（质量份）
硬脂酸	2.5
单硬脂酸甘油酯	11
凡士林	10
羊毛脂	22
十六烷醇	1.5
液体石蜡	9
聚乙二醇（1500）	3
三乙醇胺	1
甲灭酸钠或甲氯灭酸钠	0.02
甘草酸钾	0.05
香精	适量
去离子水	35

〈制备方法〉

将超氧化物歧化酶（SOD）的类似物质添加到适当基质中混匀，可按常规方法制成醇、水、粉、薄膜和各种霜膏乳液等剂型的护肤保健品。必要时可调节护肤品整体pH值在7.2～7.4。向传统护肤保健品基质中添加超氧化物歧化酶（SOD）的类似物，无须特殊的技术措施如温度压力等，可在原护肤保健品制造过程的后期将它们加入，只要保证这些类似物有良好的分散度、溶解度，并保证不会流失即可。

实例1：将甲灭酸或甲氯灭酸粉剂、甘草酸钾或甘草酸铵溶于300份水中，用稀氨水调节pH值为7.2～7.4，再加入香精和色素，摇匀，最后加入70%酒精，摇匀。

实例2：除甲灭酸钠或甲氯灭酸钠、甘草酸钾、香精之外，将其他物料按常规方法溶解、混合、乳化，然后再加入甲灭酸钠或甲氯灭酸钠、甘草酸钾、香精，继续乳化至均匀，冷却即可。

〈产品应用〉

本品能够有效地清除超氧离子，对由超氧离子自由基引起的皮肤炎症、过敏、疼痛等不适起预防和保健作用。

〈产品特性〉

本品具有以下优点：

（1）本品使用的与天然超氧化物歧化酶（SOD）功能类似的物质，廉价易得，生物活性高，并且对人体无毒副作用。

（2）本品使用的类似 SOD 物质化学性质稳定，易穿透皮肤，直接参与人体内的生物化学过程，其清除超氧离子的功能不受环境温度、酸碱性、存放时间、储存形态的影响，克服了天然 SOD 在非生理条件下易失活变性、腐败变质的缺点，可根据实际需要附加在现有护肤品基质中，广泛使用。

（3）本品使用的类似 SOD 物质本身具有防霉防腐作用，将其添加在传统护肤品基质中，可以不再加入防腐剂（如苯甲酸等）。

（4）本品制备工艺简单，无须增加设备投资，也无须改变原工艺流程。

配方 26 护肤化妆品

〈原料配比〉

实例 1：含水凝胶

	原料	配比（质量份）
A	甘油	20
	聚乙二醇	2
	羟丙基纤维素	2
	尼泊金甲酯	0.2
	甘油聚甲基丙烯酸酯	0.6
B	抗菌肽	0.5
	胚胎素	2
	表皮生长因子（EGF）	10μg/g
	葡聚糖硫酸酯	0.05
	透明质酸	0.05
	蒸馏水	加至 100
0.1mol/L NaOH 溶液		适量

注：A 是指含水凝胶基质；B 是指含抗菌肽及其稳定剂的水溶液。

实例 2：冻干粉

	原料	配比（质量份）
基质	丙三醇	1
	丙二醇	1
	氮酮	0.2
	聚乙二醇	1
	硫酸葡聚糖	0.02
	生理盐水	加至100
冻干粉	甘露醇	3
	半胱氨酸盐酸盐	0.2
	抗菌肽	2
	胚胎素	2
	表皮生长因子（EGF）	$10\mu g/g$
	白蛋白	适量

实例 3：膏剂

	原料	配比（质量份）
A	石蜡	4
	蜂蜡	2
	凡士林	4
	羊毛脂	5
	液体石蜡	10
	乙酰化羊毛脂醇	2
	聚乙二醇硬脂酸酯	8
B	甘油	2
	单硬脂酸甘油酯	3
	三乙醇胺	1
	磷酸烷酯	8
	蒸馏水	48
C	抗菌肽	0.2
	胚胎素	1
	表皮生长因子（EGF）	$10\mu g/g$
	丝素肽	3
	明胶、香料	适量

◀制备方法▶

实例1：将原料A于55℃溶解并充分混合后，冷却至40℃，加入原料B的水溶液并用搅拌器进一步混合均匀，然后加入适量的0.1mol/L NaOH溶液将所得凝胶的pH值调至约6.5。

实例2：

(1) 冻干粉 将各成分混合，充分溶解，超滤除菌，冻至−55～−50℃，冷冻干燥，分装、加盖、包装。

(2) 基质 将各成分混合，充分溶解，超滤除菌，分装、加盖、包装。

(3) 将上述制得的水溶液单独保存，使用时由使用者抽取少量（2mL）该水溶液用以溶解置于另一无菌容器内的抗菌肽、EGF等的冻干粉，待充分溶解后重新注入所述水溶液内充分混匀并按照规定剂量尽快使用。

实例3：将A组成分混合，加热至55℃；将B组成分混合，加热至80～85℃；将A组加入B组中，搅拌进行乳化，待温度降至40℃后加入C组成分，混合30min，分装、加盖、质检。

◀产品应用▶

本品适用于受损肌肤修复过程中的感染、病理性皮肤的预防和治疗，以及预防和抑制皮肤癌的发生。

◀产品特性▶

本品（抗菌肽多功能护肤品）配方科学，工艺简单，产品质量稳定，具有极好的润湿性和渗透性，用后感觉舒适；产品中的抗菌因子以具有广谱高效杀菌活性的抗菌肽及其稳定剂取代传统的化学合成抗菌剂或抗生素，有效抑制部分病毒的复制和选择性杀伤某些癌细胞，安全可靠。

配方27 营养护肤乳

◀原料配比▶

原料	配比（质量份）	
	1#	2#
硬脂酸	5	7
鲸蜡醇	1	3
羊毛脂	0.5	0.7
白凡士林	1	3
丙三醇	1	2

原料	配比（质量份）	
	1#	2#
十二烷基硫酸钠	1	2
三乙醇胺	1	2
对羟基苯甲酸乙酯	0.1	0.1
鲜白米浆	100	100

◀制备方法▶

先将硬脂酸、鲸蜡醇、羊毛脂、白凡士林混合，置于容器内（这组混合物称为油相）；再将丙三醇、十二烷基硫酸钠、三乙醇胺、对羟基苯甲酸乙酯及鲜白米浆混合，置于另一容器内（这组混合物称为水相）；将两容器内的组合物分别同时加热至溶解（熔化），并保持在 50～80℃，然后将油相加入水相中混合，并向同一方向随加随搅拌至冷凝为止。

◀产品应用▶

本品可使皮肤变得白净细柔，具有光泽，达到美容抗衰老的目的，还可加强皮肤适应外界温度变化的能力。

◀产品特性▶

本品原料易得，配比科学，工艺简单；产品性能稳定，使用效果理想，安全可靠。

配方 28　专用型护肤浴液

◀原料配比▶

原料	配比（质量份）	
	1#	2#
K-12	7.5	4
咪唑啉	2	2
尼纳尔	4	2.5
AES	7	—
AEO	—	7.5
OP-10	—	3

续表

原料	配比（质量份）	
	1#	2#
SAS	—	4
羊毛脂	—	3
甘油	—	1.5
EDTA	0.05	0.07
苯甲酸钠	0.35	0.35
食盐	2	1.5
异丙醇	0.3	适量
柠檬酸	适量	适量
香精、色素	适量	适量
蒸馏水	加至100	加至100

◀制备方法▶

（1）将蒸馏水加热至沸腾，加入 EDTA 溶解；

（2）待物料（1）冷却至75～80℃，加入 AEO（脂肪醇聚氧乙烯醚）或其硫酸盐 AES、OP-10、SAS、K-12、尼纳尔、咪唑啉、羊毛脂等，搅拌溶解后再加入甘油、苯甲酸钠，搅拌待至全部溶解后用柠檬酸调节溶液的 pH 值为6～7；

（3）待物料（2）冷却至40℃，加入香精、色素、食盐，搅拌均匀后缓慢喷洒异丙醇，使溶液表面消泡，静置8～12h 后包装即可。

◀产品应用▶

本品对浸入人体表皮毛细孔的油污、粉尘有独特的溶解吸附力，且对皮肤有调理滋润的作用，尤其适用于长期从事石化、煤炭、冶炼等作业的职工（作为劳保用品）。

◀产品特性▶

本品工艺简单，配方科学，表面活性剂及乳化剂的协同作用可大大降低粉尘污垢在皮肤表面的吸附力，防止污垢再聚集并使污垢容易被水漂洗掉，对油污有非常强的渗透、乳化、分散和增溶作用，但对人体皮肤的脱脂力较弱，对皮肤无刺激，并具有杀菌功效，用后感觉清爽舒适。

配方 29 润肤化妆品

◀原料配比▶

化妆品复合添加剂的制备

原料	配比（质量份）	
	1#	2#
蒲公英标准提取物	6	12
白及标准提取物	94	88

实例1：润肤露（一）

	原料	配比（质量份）
A	十八醇	40
	硬脂酸单甘油酯	15
	角鲨烷	30
	白油	20
	棕榈酸异丙酯	10
	Brij72（乳化剂）	24
	Brij721（乳化剂）	16
	BHT（抗氧化剂）	1
	尼泊金丙酯	0.5
	二甲基硅油	10
	硬脂酸异丙酯	10
B	丙二醇	25
	甘油	50
	化妆品复合添加剂	5
	尼泊金甲酯	1.5
	去离子水	适量
C	香精	1
	TEA	1

实例 2：润肤露（二）

	原料	配比（质量份）
A	十八醇	40
	单硬脂酸甘油酯	15
	角鲨烷	30
	白油	20
	棕榈酸异丙酯	10
	Brij72（乳化剂）	24
	Brij721（乳化剂）	16
	BHT（二丁基羟基甲苯）	1
	尼泊金丙酯	0.5
	二甲基硅油	10
	硬脂酸异丙酯	10
B	丙二醇	25
	甘油	50
	化妆品复合添加剂	50
	尼泊金甲酯	1.5
	去离子水	适量
C	香精	1
	TEA（三乙醇胺）	1

实例 3：儿童洗涤产品

原料	配比（质量份）
化妆品复合添加剂	100
酯类物质	30
天然表面活性剂	150
保湿剂	30
防腐剂	0.5
香精	0.5
去离子水	689

《制备方法》

将蒲公英标准提取物和白及标准提取物混合后用均质机进行分散均匀，即可得到化妆品复合添加剂。

实例1：将A相搅拌加热至85℃，保温20min；B相搅拌加热至45℃；将A相、B相合并，在乳化设备中乳化30min，冷却至45℃，加入C相物质，搅拌均匀后冷却至40℃，出料包装即可。

实例2：将A相搅拌加热至90℃，保温10min；B相搅拌加热至50℃；将A相、B相合并，在乳化设备中乳化30min，冷却至60℃，加入C相物质，搅拌均匀后冷却至40℃，出料包装即可。

实例3：将以上原料在50℃溶解均匀，脱气，缓慢冷却至30℃，出料包装即可。

《产品应用》

本品为含有蒲公英、白及提取物的化妆品复合添加剂，可用于开发兼有杀菌消炎、祛斑美白、抗皱防衰老等功效的化妆品。

《产品特性》

本品乳化性能好，分散均匀，生物活性稳定，功能显著，可以标准化生产和应用。

配方30 抗静电保湿滋润护肤品

《原料配比》

原料		配比（质量份）		
		1#	2#	3#
A	PEG-100硬脂酸甘油酯	5	3	1
	白油	10	5	1
	十六-十八混合醇	5	8	1
	二甲基硅油	8	4	0.5
	乳木果油	3	5	1
	BHT	0.05	0.03	0.02
B	聚丙烯酸树脂	0.5	1	0.01
	甘油	4	10	2
	丙二醇	5	2	10
	金属硫蛋白	1	0.5	0.01
	聚季铵盐	5	0.01	0.5
	阳离子表面活性剂	0.01	1	2.5
	阳离子瓜尔胶	1	0.01	0.5
	芦荟粉	1	2	0.03
	β-葡聚糖	1	5	10

续表

原料		配比（质量份）		
		1#	2#	3#
C	三乙醇胺	0.5	1	0.01
D	防腐剂	0.7	0.5	1
	香精	0.09	0.2	0.3
去离子水		加至100	加至100	加至100

注：1#为护手霜；2#为面霜；3#为润体乳。

◀制备方法▶

（1）称取A相、B相（包含去离子水）、C相和D相原料，在常温下分别混合均匀；

（2）将A相、B相分别加热到75～90℃后将A相加入B相中，均质2～5min；

（3）将均质后的物料（2）在75～90℃温度下，以30r/min的速度搅拌保温10min；

（4）将物料（3）以0.5～1℃/min的速度冷却，降温至55℃后加入C相；

（5）将物料（4）以30～60r/min的速度搅拌，同时以0.5～1℃/min的速度冷却，降温至48℃后加入D相；

（6）将物料（5）以30～60r/min的速度持续搅拌，同时以0.5～1℃/min的速度冷却，降温至30～35℃后出料、灌装，可制得护手霜、润体乳、面霜等产品。

◀产品应用▶

本品能够有效防止、消除人体静电，减弱静电对人体的伤害；解决因环境等因素引起的皮肤干燥问题，起到保湿滋润功效；还可以解决和减少瘙痒、红肿等皮肤问题。

◀产品特性▶

本品原料易得，配比科学，设备投资少，工艺简单；产品质量稳定，使用方便，外用涂抹于皮肤表面即可，效果理想，无刺激性。

配方31 快速润肤护肤品

◀原料配比▶

原料	配比（质量份）
十六-十八混合醇	3
9022乳化剂	2
单甘油酯	2
白油	4

原料	配比（质量份）
油溶氮酮	2
羊毛脂	3
羟苯丙酯	0.15
丙二醇	4
尿囊素	0.4
羟苯甲酯	0.15
去离子水	80
香精	0.05

◀ 制备方法 ▶

（1）将十六-十八混合醇、9022乳化剂、单甘油酯、白油、油溶氮酮、羊毛脂、羟苯丙酯混合放入容器甲内，加热至90℃。

（2）另将丙二醇、尿囊素、羟苯甲酯、去离子水混合放入容器乙内，加热至85℃。

（3）将甲、乙容器中的原料分别经过滤机过滤之后放入高速乳化机内高速乳化，乳化转数3000r/min，乳化时间4～6min，然后在搅拌速度60r/min条件下慢速搅拌，逐渐降温；当温度降至45℃时，加入香精，继续降温，并在40r/min条件下搅拌；当温度降至35℃时停止搅拌，将膏体打入沉降容器沉降24h后包装入库即可。

◀ 产品应用 ▶

本品用于治疗皮肤粗糙及手脚干裂。

使用方法：将膏体涂抹于皮肤表面即可。每天早晚各一次，几日后粗糙皮肤可变柔软、细嫩，干裂的皮肤可在2～3日内愈合。

◀ 产品特性 ▶

本品原料易得，配比科学，成本低，工艺简单；产品稳定性好，使用方便，能够快速渗透到皮肤中愈合干裂创口。

配方32 苹果醋润肤膏

◀ 原料配比 ▶

原料	配比（质量份）
醋	10～12
新鲜苹果	10

续表

原料	配比（质量份）
蜂蜜	10～12
蜂王浆	5～7
茉莉精油	5～7
溶剂	52～60

❮制备方法❯

1. 苹果醋液的制备：

(1) 用 0.1％ 的 TD 粉水溶液将精选后的苹果浸泡 5～8min 后清水漂净，进行清洗；

(2) 将经过步骤（1）处理的苹果通过打浆机进行打浆，并滤除过粗纤维，得到苹果浆备用；

(3) 将打好的苹果浆与醋混合，并搅拌均匀。

2. 溶剂的制备：将天然果胶与纯净水按 1∶（1～1.5）的质量配比搅拌均匀即可。

3. 润肤膏的制备：

(1) 将蜂蜜和蜂王浆加热至 80℃，除掉其中的细菌，并冷却至常温；

(2) 将溶剂加热至 40℃；

(3) 首先将苹果醋加入 40℃ 的溶剂中，以搅拌机搅拌 3min，使其充分溶解，然后依次加入净化完毕的蜂王浆和蜂蜜，以及茉莉精油，即得。

❮产品应用❯

本品能够为皮肤提供营养，促进血液循环，并能杀死皮肤上的一些细菌，使皮肤光润。

❮产品特性❯

本品配方科学，原料易得，工艺简单，适合规模化生产；产品使用方便，效果显著。

配方 33　刮痧润肤增效乳

❮原料配比❯

原料	配比（质量份）
维生素 E	60
人参茎叶皂苷	1

原料	配比（质量份）
柠檬酸	1
苯甲酸钠	0.5
芦荟汁	100（体积份）
甘油	100（体积份）
吐温-80	12.5
茉莉香精	2.5
紫草精油	150（体积份）
红花精油	150（体积份）
纯净水	460

《制备方法》

（1）先将维生素 E、甘油放入第一罐内，加热至 80℃；同时将纯净水、人参茎叶皂苷、柠檬酸、苯甲酸钠、芦荟汁、吐温-80、茉莉香精或草药香精放入第二罐内，搅拌充分溶解后升温至 80℃。

（2）将第二罐内的液体加入第一罐中，快速搅拌进行均质，然后降温，在降温过程中，加入紫草精油、红花精油，并搅拌均匀，继续冷却至室温，再装入桶中，进行化验检测。在紫外线照射下稳定储存 24h，最后无菌分装在软管中（一般采用 85～120mL 的软管），即得到成品。

《产品应用》

本品为用于刮痧、润肤的保健增效乳剂，适用于人体的各个部位。本品具有改善血液循环、促进新陈代谢、润滑人体皮肤的作用，同时对皮肤粗糙、皲裂、瘙痒、皱缩等有良好的改善作用。

使用方法：取本品均匀涂抹在人体表面相应的部位、穴位，用水牛角刮板在涂抹处进行点压、按摩刮拭。

《产品特性》

本品配方组成科学，工艺简单，使用方便，效果理想，不污染衣服，刮痧后乳剂仍可保留在人体肌肤上。

配方 34　含沙棘油脂质体的润肤露

〈原料配比〉

原料		配比（质量份）	
		1#	2#
油相	硬脂酸	1	3
	十六醇	3	1
	单硬脂酸甘油酯	3	3
	油醇醚	0.5	1
	棕榈酸异丙酯	4	6
	尼泊金丙酯	0.05	0.05
	香精	适量	适量
水相	1%的透明质酸水溶液	5	5
	1%的卡波树脂水溶液	15	5
	三乙醇胺	0.5	0.8
	甘油	3	3
	尼泊金甲酯	0.05	0.1
	去离子水	加至100	加至100
沙棘油脂质体（20%）		10	10

〈制备方法〉

（1）将硬脂酸、十六醇、棕榈酸异丙酯、单硬脂酸甘油酯和油醇醚、尼泊金丙酯、香精一起加热至65～80℃，制成溶液A；

（2）将预先溶解的1%的卡波树脂水溶液、1%的透明质酸水溶液和甘油、三乙醇胺、尼泊金甲酯、去离子水一起加热至65～80℃，制成溶液B；

（3）在搅拌下将溶液A倒入溶液B中，同时剧烈搅拌乳化，得到乳状液，待乳状液温度低于50℃后，加入制好的沙棘油脂质体，搅拌均匀即可。

〈产品应用〉

本品具有滋润、保湿、柔软皮肤、抗衰老的作用，也有一定的祛斑作用。

〈产品特性〉

本品配方新颖科学，工艺简单，成本较低；产品稳定性好，使用效果显著，不刺激皮肤。

配方 35　黄连消炎润肤液

《原料配比》

原料	配比（质量份）
黄连	100
黄柏	100
黄芩	75
地榆	60
虎杖	75
甘草	45
忍冬藤	45
冰片	15
95％乙醇	75

《制备方法》

（1）将冰片研成细粉；将忍冬藤洗净、晾干，切成 5～7cm 的段片。

（2）取黄连、黄柏、黄芩、地榆、虎杖、甘草分别研成最粗粉。

（3）取忍冬藤与黄芩、甘草、地榆、虎杖四味药之最粗粉，加水煎煮三次，每次 60～120min，再加冰片细粉和黄连、黄柏最粗粉，续煎 10～30min，合并煎液，冷却至 5～30℃，再加入 95％乙醇，过滤，收集滤液，弃去残渣再加入适量防腐剂，摇匀。

（4）将上述全部滤液装入规格不同的瓶中，加盖密封，在 100～115℃进行灭菌处理 10～30min，即可得到产品。

所述灭菌操作是采用分段阶梯式降温熟化灭菌，把温度迅速升到 115℃，然后分段降至 100℃，灭菌时间为 30min，即混合液在 115℃下保温 10min，然后再降温至 110℃维持 10min，再降温至 100℃保持 10min。

《产品应用》

本品在预防和治疗切口感染方面具有独特功效，能够加强局部的抗炎，改善微循环，消除切口内溢血（积血），促进切口（损伤）的愈合，滋润皮肤，解除伤口痛，增强病员体质和机体免疫功能。

使用方法：在切口皮肤敷料上淋本药液 10～20mL，每日 4～6 次，术后三天更换敷料一次，用同样方法淋药液直至切口拆线后 2～3 天即可。疗程一般为 7～10 天。

‹产品特性›

本品基于对切口感染及发病机理的认识和治疗原则，参考现代药理研究成就，精选天然植物药，配方及工艺新颖科学，治疗效果显著，并且无拮抗作用和配伍禁忌及不良反应。

本品改变了现有切口感染无定型药剂的缺点，同西药预防切口感染相比，降低了切口感染率，减少了病员的医疗时间，节约了医疗费用，减轻了病员痛苦。

二 面膜

配方 1 美白精油面膜

‹原料配比›

原料	配比（质量份）		
	1#	2#	3#
茯苓粉	5	10	15
珍珠粉	2	4	6
蜂蜜	15	23	30
玫瑰精油	2	3	4
柠檬精油	1	2	3
天竺葵精油	1	2	3
薰衣草精油	1	2	3

‹制备方法›

　　取茯苓粉、珍珠粉与蜂蜜搅拌混匀，混合成糊状，再加入玫瑰精油、柠檬精油、天竺葵精油、薰衣草精油，使各原料充分混合均匀。

◀产品应用▶

本品是一种美白精油面膜。使用方法：清洁皮肤后，将本品涂于面部，15min后用清水洗净即可。

◀产品特性▶

本品采用纯天然植物成分，利用各种芳香植物有效成分的强渗透力、强溶解性等特点，经皮肤、经络、穴位渗透吸收产生作用，疗效显著。与中草药相比较，成分活跃的精油通过香薰作用能渗透到皮肤深层，经血液运送氧气、水分、营养给细胞，强烈激活细胞，整体改善肌肤状态。本品为复方精油类产品，气味自然迷人，按摩的同时，还能达到愉悦心情、缓解压力及保健的作用。本品制作简单、易行。

配方2　美白祛斑抗皱面膜

◀原料配比▶

原料	配比（质量份）		
	1#	2#	3#
珍珠粉	200	100	150
当归	10	30	20
杏仁粉	50	20	35
薰衣草精华油	5	10	7
牛奶	400	200	300
蜂蜜	20	60	40
白果仁粉	50	20	35
白苏	10	30	20
白蒺藜	50	30	40
羧甲基纤维素	20	40	30
金盏花萃取液	10	5	7
玉竹	20	40	30

◀制备方法▶

将当归、白苏、白蒺藜、玉竹经挑选、清洗、干燥、烘烤、粉碎成800目粉，与珍珠粉、杏仁粉、薰衣草精华油、牛奶、蜂蜜、白果仁粉、羧甲基纤维素、金盏花萃取液充分混合，搅拌均匀，得黏稠液体，涂于无纺布上，制成面膜。

《产品应用》

本品是一种美白祛斑抗皱面膜。

《产品特性》

本品营养均衡，制取工艺简单，配方合理，适用于各种皮肤，可滋润养颜，加速代谢，营养抗皱，活血养颜，改善皮肤新陈代谢，活化肌肤细胞，滋润美白，平纹防皱，改良皮脂，增加皮肤水合作用，消除死皮角质及细小皱纹，同时能使皮质腺分泌正常，令肌肤柔滑细腻、富有弹性。

配方3　美白祛斑面膜（一）

《原料配比》

	原料	配比（质量份）
中药浓缩液	手参	40
	人参花	15
	金合欢	10
	金银花	10
	玫瑰花	15
	菊花	10
	去离子水	200
美白祛斑面膜用溶液	胶原五胜肽	2.55
	胶原六胜肽	0.45
	中药浓缩液	20
	玫瑰花水	20
	水溶性氮酮	4
	甲壳质	4
	1,3-丁二醇	5
	防腐剂	0.4
	羟乙基纤维素	10
	柠檬酸	适量

《制备方法》

（1）混料釜中加去离子水并加热至85℃，加入羟乙基纤维素，搅拌至透明；

（2）降温至50℃，加胶原多胜肽，搅拌至透明；

（3）加入中药浓缩液、玫瑰花水、水溶性氮酮、甲壳质、1,3-丁二醇；

（4）降温至 40℃以下加防腐剂，用柠檬酸调节溶液的 pH 值至 5.0～6.0；

（5）将所述美白祛斑面膜用溶液在无菌室中灌装入装有无纺布面膜的铝箔袋中，使加入的溶液完全湿透无纺布铝箔袋封口。

《产品应用》

本品是一种美白祛斑面膜用溶液。使用时每天晚上睡觉前清洁皮肤后，取一张面膜贴到脸上保持 20min，揭去面膜纸，用干纸巾擦干残留药液即可。

《产品特性》

本品不仅可以抑制黑色素的形成，同时有活血化瘀、清热解毒、促进皮肤新陈代谢的作用，达到综合调理的美白祛斑效果，且能保持有效成分的保留时间及渗透性，改善皮肤细胞机能，紧致肌肤。本品可消除黄褐斑、蝴蝶斑、老年斑等色素沉着引发的肌肤问题，促进肌肤更新，回归自然亮泽状态。

配方4　美白祛斑天然中药面膜

《原料配比》

原料	配比（质量份）
生黄芪	6
生晒参	6
茯苓	3
当归	6
丹参	3
益母草	6
白蒺藜	3
白蔹	3
白菊花	3
白及	3
虎杖	3
白鲜皮	3
白扁豆	6
槐花	3
珍珠粉	30

《制备方法》

将生黄芪、生晒参、茯苓、当归、丹参、益母草、白蒺藜、白蔹、白菊花、白及、虎杖、白鲜皮、白扁豆、槐花、珍珠单独超微粉碎达 100 目以上，充分混匀。

❮产品应用❯

本品是一种美白祛斑天然中药面膜。使用时每次取面膜粉 5g，以去离子水 5～10（体积份）调成糊状，均匀涂布于面部，上覆以充分湿润的面膜纸，保持 20min 后，以温水洗净。

❮产品特性❯

本品能明显减轻面部皮肤色素沉着，淡化因年龄增长和日晒引起的面部斑点，并能预防皮肤老化和黄褐斑的形成，使肌肤白皙细腻，对雀斑也具有一定疗效。经动物实验证明，本面膜对皮肤无刺激和过敏反应。

配方5　具有美白、祛斑作用的中药面膜

❮原料配比❯

原料	配比（质量份）	
	1#	2#
白薇	15	30
白及	20	10
白鲜皮	15	30
白茅根	15	15
甘草	30	10
丹参	10	10
桃花	15	30
白丑	10	20
黄芩	10	20
当归	20	10
红花	15	10
人参	10	30
灵芝	10	30
金银花	10	30
升麻	10	15
僵蚕	10	30
0.5%的透明质酸的水溶液	适量	适量
防腐剂	适量	适量

《制备方法》

将人参、白薇、白及、灵芝、白鲜皮、白茅根、甘草、丹参、桃花、白丑、黄芩、当归、红花、金银花、升麻、僵蚕（麸炒）等药材先用清水洗净，低温干燥，进行超微粉碎，过300目筛，加入适量0.5%的透明质酸的水溶液，搅拌成糊状，加入适量防腐剂，进行真空袋包装即可。

《产品应用》

本品是一种具有美白、祛斑作用的中药面膜。使用时每次取该面膜适量均匀地涂抹于面部、颈部，待15~25min后以清水清洗，擦干面部以及颈部，涂抹其他护肤产品即可，每周使用1~2次即可。

《产品特性》

本品药物组合具有美白、保湿、祛斑、祛痘等作用，且能充分有效渗透肌肤，达到杀菌、消炎、净化收敛毛孔、祛色素、祛印痕等美容作用。

配方6 美白祛斑面膜（二）

《原料配比》

原料	配比（质量份）
白芷	10
白芍	10
白蒺藜	10
白附子	10
白僵蚕	10
白茯苓	10
白及	10
白术	10
白薏米仁	20
密陀僧	10
牛奶或蜂蜜	适量

《制备方法》

（1）将原料细粉碎至1~5μm；

（2）粉碎的粉末包装成单元体；

（3）使用时加牛奶或蜂蜜调成糊，敷面成膜。

◀产品应用▶
本品是一种美白祛斑的面膜。

◀产品特性▶

利用了中药的特性，无毒无害，具有调和气血、防斑祛斑、滋润光泽、营养护肤等作用。对干性皮肤引起的黄褐斑、晒斑、雀斑、辐射斑、换肤后出现的色素反弹以及色素沉着有护理和治疗作用。

配方7　美白增白面膜的中药组合物

◀原料配比▶

原料	配比（质量份）	
	1#	2#
蜂花粉	20	40
珍珠粉	20	40
白芷	20	30
白及	20	40
白僵蚕	25	40
当归	15	30
丹参	15	30
红花	15	30
薏米	15	30
白蔹	20	40
杏仁	20	40

◀制备方法▶

将白芷、白及、白僵蚕、当归、丹参、红花、薏米、白蔹、杏仁粉碎过100～120目筛，同蜂花粉、珍珠粉混匀装瓶。

◀产品应用▶

本品是一种美白增白面膜的中药组合物。使用时取10份装碗中，加适量醋调成糊状，加蜂蜜（2体积份）混匀涂面。热熏30min，撤离热熏器，待30min后清水洗去，15天1疗程。一般1～2疗程皮肤就变得细嫩、白滑。

<产品特性>

本品药物配置合理、精确，具有美白、增白功效。常用可使皮肤红润、细嫩、光滑洁白，是美白、增白的最佳产品。

配方 8　美白面膜

<原料配比>

原料	配比（质量份）		
	1#	2#	3#
白芷	25	35	30
白术	35	25	30
白茯苓	25	35	30
珍珠	35	25	30
白附子	13	18	15
白及	18	13	15
当归	13	18	15
桃仁	18	13	15
杏仁	13	18	15
玫瑰花提取物	适量	适量	适量

<制备方法>

原药粉末加工成超微粉，每 30 份原药粉用玫瑰花浸泡水 50mL 搅成糊状，加入玫瑰精油 3 滴，均匀敷于面膜基材上即可。

<产品应用>

本品是一种美白中药面膜。使用时均匀敷于面部即可。

<产品特性>

本品中药物配方可起到调血行水、调节内分泌等功效，也就是可以促进肝脏的排毒功能，促进新陈代谢，从而促进各种毒素及自由基的排出，增强机体抵抗力等，而这些，都是通过抑制酪氨酸酶的活性，从而抑制黑色素形成。

配方 9　美白中药面膜

原料	配比（质量份）				
	1#	2#	3#	4#	5#
白蒺藜	178	360	120	282	760
红参	127	60	360	282	320
麦冬	165	240	400	846	800
卡拉胶	11	11	11	11	11
丙二醇	50	50	50	50	50
0.5%透明质酸液	0.1	0.1	0.1	0.1	0.1
胶原蛋白	5	5	5	5	5
尼泊金乙酯	2	2	2	2	2

◀制备方法▶

取白蒺藜、红参和麦冬，加水煎煮两次，第一次加入 8 倍量水，第二次加入 6 倍量水，每次 3h，合并两次煎液，过滤，浓缩成约 0.5∶1 药液（0.5 份药材/体积），冷藏静置 24h，过滤，调整滤液成 0.5∶1 药液（0.5 份药材/体积），得中药提取液；按每张面膜载 80 体积中药提取液的比例，取中药提取液加入分散好的丙二醇、卡拉胶和尼泊金乙酯，加热至 80～90℃充分搅拌 15min，调节 pH 值至 5.5～6.5，冷却至约 50℃加入 0.5%透明质酸液和胶原蛋白，混匀，使溶解完全，成膜，包装，灭菌，即得。

上述步骤中所述 0.5%透明质酸液是质量分数为 0.5%的透明质酸水溶液。由于透明质酸较难溶，和药液直接相混难以均匀分散，故先将透明质酸溶解于水中得到透明质酸液，然后再与药液混合。

◀产品应用▶

本品是一种美白中药面膜。

◀产品特性▶

本品可以达到较佳的美白效果。此外，本品还可含有熊果苷和维生素 C 磷酸酯镁等其他美白药物以及小麦胚芽油、透明质酸和胶原蛋白等皮肤营养物，可进一步提高本品的美白效果。

配方 10 美容、润肤、美白、减皱面膜粉

‹原料配比›

原料	配比（质量份）		
	1#	2#	3#
杏仁	15	5	10
红枣	15	20	35
天花粉	35	15	25
珍珠	1	5	3
红花	5	6	10
香蕉皮	29	49	27

‹制备方法›

（1）按比例分别取杏仁、红枣、天花粉、珍珠、红花、香蕉皮除去杂物，洗净，烘干。

（2）分别粉碎、研细上述六种配料，过 80～120 目筛。

（3）将上述粉末混匀即为产品。

‹产品应用›

本品是一种美容、润肤、美白、减皱面膜粉。

‹产品特性›

本品兼具解毒、杀虫、治过敏性紫斑病、解药毒、生肌长肉、消扑损瘀血、治疗疮肿毒的疗效，治皮肤湿疹、汗斑、擦伤，润燥，治疮疡久不收口，解痘疗毒，化恶疮，收内溃破烂，治烫伤，散斑，可抑制细菌和真菌滋生，清热解毒，防治冻疮、冬季皮肤鞍裂，可使皮肤滑润，消炎止痛，治疗皮肤瘙痒症，治瘊子（扁平疣）等，是美容美肤的佳品，且使用时间短，使用方便，见效快，价格便宜，宜长期保健使用。

配方 11 美容保健中药面膜

‹原料配比›

原料	配比（质量份）		
	1#	2#	3#
黄芪	20	50	30

原料	配比（质量份）		
	1#	2#	3#
甘草	50	30	20
白芷	25	20	30
蜂蜜	500	800	700
玫瑰花	60	67	70
白牵牛子	5	10	15
芦荟	15	5	20
杏仁	60	70	65

◀制备方法▶

（1）将黄芪、甘草、白芷分别粉碎到 $80\sim120$ 目；

（2）取粉碎后的黄芪 $20\sim50$ 份、甘草 $20\sim50$ 份及白芷 $20\sim30$ 份与 $500\sim800$ 份蜂蜜混合，搅拌均匀，然后，在常温下蜜制 $20\sim25$ 天；

（3）取 $60\sim70$ 份玫瑰花除去花柄及蒂，用文火烘干；

（4）将烘干的玫瑰花、$5\sim15$ 份白牵牛子、$5\sim20$ 份芦荟、$60\sim70$ 份杏仁混合在一起，用石磨研磨成膏状物；

（5）将研磨好的玫瑰花、白牵牛子、芦荟、杏仁膏状物与蜜制好的黄芪、甘草及白芷混合均匀，调制成膏状，即得本品。

◀产品应用▶

本品是一种美容保健中药面膜。使用时将面部皮肤清洗后，先按摩有关穴位，待感到皮肤发热时，取 $4\sim5g$ 面膜均匀涂抹于面部，30min 后除去面膜，清洗干净即可。

◀产品特性▶

本品采用纯天然植物原料与蜂蜜配制而成，不含化学物质，还具有紧致松弛肌肤的作用，改变衰老迹象，增强皮肤弹性，使肌肤白净、润滑、富有光泽，美容效果显著，长期使用效果更佳。

配方 12　美容保健组合物和面膜

◀原料配比▶

原料	配比（质量份）					
	1#	2#	3#	4#	5#	6#
纳米级珍珠粉	35	40	—	20	30	5

原料	配比（质量份）					
	1#	2#	3#	4#	5#	6#
纳米级竹炭粉	15	—	20	5	10	16
瓦松提取物	17	25	30	15	27	30
甘草提取物	8	12	5	5	6	10
金银花提取物	14	14	25	25	13	25
黄芩提取物	6	6	15	25	10	12
维生素 E	5	3	5	5	4	2

【制备方法】

将上述原料中另添加适量基质，制成护肤（防治痤疮）面膜。其中，纳米级竹炭粉与珍珠粉粒径为 25nm。所述竹炭粉为超高温竹炭粉，其制成温度为 2000℃。

【产品应用】

本品是一种美容保健组合物和面膜。

【产品特性】

本品经过优化组合，选取了具有复合能量物质纳米级竹炭粉和（或）珍珠粉，并与中药复合物瓦松、甘草、金银花和黄芩的提取物混合，具有美容保健功效，可通过添加相关辅料或基质，制成外用药物或日化产品，包括面膜、洗剂、霜、膏、乳液。特别是由所述美容保健组合物制备的面膜对治疗痤疮能取得良好效果。

配方 13　美容面膜

【原料配比】

原料	配比（质量份）	
	1#	2#
新鲜葡萄	80	100
鲜奶	5	10
糯米面	15	25
鸡蛋清	1个	2个

【制备方法】

将新鲜葡萄压榨取汁后，与鲜奶、糯米面、鸡蛋清混匀即可。

《产品应用》

本品是一种美容面膜。

《产品特性》

本品中的葡萄堪称水果界的美容大王,它的果肉、果汁和种子内都有许多有益肌肤的天然营养成分,面膜液具有爽肤、治疗痤疮、淡化雀斑的效果,与鲜奶配合,有美白嫩肤的效果。

配方 14 免洗面膜

《原料配比》

原料	配比(质量份)	
	1#	2#
珍珠水解液脂质体	5.0	8.0
甘油	10.0	8.0
丁二醇	8.0	11.6
三甲基甘氨酸	3.0	2.0
环己硅氧烷	2.5	1.0
异壬酸异壬酯	2.0	1.0
聚二甲基硅氧烷	1.0	0.4
丙烯酸(酯)类/C_{10}～C_{30}烷醇丙烯酸酯交联聚合物	0.3	0.4
三乙醇胺	0.3	0.4
丙烯酸钠/丙烯酰二甲基牛磺酸钠共聚物	0.3	0.5
尿囊素	0.15	0.15
羟苯甲酯	0.15	0.15
羟苯丙酯	0.05	0.05
苯氧乙醇	0.2	0.2
EDTA-2Na	0.05	0.05
透明质酸	0.03	0.05
香精	0.03	0.03
去离子水	66.94	66.02

◀ 制备方法 ▶

（1）按配方量将丙烯酸（酯）类/$C_{10} \sim C_{30}$烷醇丙烯酸酯交联聚合物用去离子水浸泡 0.5～1.5h 后加入甘油、丁二醇、三甲基甘氨酸、尿囊素、羟苯甲酯、EDTA-2Na 加热至 80～85℃；

（2）将环己硅氧烷、异壬酸异壬酯、聚二甲基硅氧烷、三乙醇胺、丙烯酸钠/丙烯酰二甲苤牛磺酸钠共聚物、羟苯丙酯、苯氧乙醇。

（3）80～85℃时将加热后的原料混合乳化均质 5～10min；

（4）冷却至 45～60℃时加入珍珠水解液脂质体、透明质酸和香精搅拌均匀，出料得到添加珍珠水解液脂质体的免洗面膜。

◀ 产品应用 ▶

本品是一种添加珍珠水解液脂质体的免洗面膜。

◀ 产品特性 ▶

本品制备工艺简单，有效地利用珍珠水解液脂质体中的有效成分来增加面膜对皮肤的滋养效果，具有护肤、保湿、营养、美白皮肤等功效，起到防止皮肤老化、嫩肤柔肤的作用，顺应美容回归自然的发展趋势，而且使用简便，用后无须清洗。

配方 15　免洗睡眠面膜

◀ 原料配比 ▶

原料		配比（质量份）			
		1#	2#	3#	4#
油相	聚二甲基硅氧烷	4.0	4.0	5.0	5.0
	辛酸/癸酸甘油三酯	2.0	2.0	3.0	3.0
	月见草油	3.0	3.0	2.0	2.0
	香精	0.2	0.2	0.2	0.2
水相	去离子水	46.7	51.2	48.3	48.3
	甘油	20.0	20.0	15.0	15.0
	丁二醇	4.0	—	—	4.0
	丙烯酸羟乙酯/丙烯酰二甲基牛磺酸钠共聚物	3.0	3.0	3.0	—
	羟苯甲酯	0.2	0.2	0.2	0.2
	尿囊素	1.0	1.0	1.0	1.0
	黄原胶	0.3	0.3	0.3	0.3
	羟乙基纤维素	0.2	0.2	0.1	0.1
	EDTA-2Na	0.1	0.1	0.1	0.1

续表

原料		配比（质量份）			
		1#	2#	3#	4#
其他组分	透明质酸钠	0.5	0.5	1.0	1.0
	去离子水	5.0	5.0	10.0	10.0
	甘草酸二钾	1.0	0.5	0.5	1.0
	三色堇花提取物	—	2.0	2.0	2.0
	番石榴提取物	2.0	2.0	2.0	—
	美洲接骨木提取物	2.0	—	2.0	2.0
	甜菜碱	4.0	4.0	4.0	4.0
	珍珠粉	0.5	0.5	—	0.5
	乙内酰脲/碘丙炔醇丁基氨甲酸酯（DMDM）	0.3	0.3	0.3	0.3

【制备方法】

（1）将油相物质混合均匀。

（2）将水相物质混合，加热至70～90℃，至溶解。

（3）降温至55～65℃，将油相加入水相，均质，搅拌均匀；降温至50℃，加入其他组分，充分搅拌均匀，出料。

【产品应用】

本品是一种免洗睡眠面膜。

【产品特性】

本品能够让肌肤在夜间充分补水，为肌肤打开深层渗透通道，补充氨基酸，强化肌肤更新能力。

配方 16　保湿面膜

【原料配比】

原料		配比（质量份）	
		1#	2#
面膜载体	纯净水	115	109.5
	木薯糊化淀粉	8	10
	大豆蛋白	2	3
	黄原胶	1	1.5

原料		配比（质量份）	
		1#	2#
氢氧化钙		0.8	1
山梨酸钾		0.1	0.12
美容营养液	海藻提取物	3	—
	芦荟凝胶汁	—	3
	甘油	1.8	1.8
	纤维素	0.15	0.15
	丝蛋白粉	—	1
	燕窝粉	1	—
	凯松	0.02	0.02

◀制备方法▶

（1）按以上配比先称取木薯糊化淀粉、大豆蛋白和黄原胶，将三种粉末混合均匀；

（2）再称取纯净水，将以上混合均匀的粉体缓慢加入纯净水中，边搅拌边加入，以不结块为宜；

（3）加入所有的粉体搅匀后，对混合液体进行加热，边加热边搅拌，加热到80~90℃，保温15~30min后，加入15%氢氧化钙、山梨酸钾搅匀；

（4）将溶液缓慢冷却，当温度达到75℃时，将胶液浇注到预制好的模具中，让其自然冷却，冷却到室温后，再放置3h；

（5）将冷却成型的美容膜从模具中取出，放到80~90℃的热水中煮30~50min，从热水中捞出，自然冷却30min，即成美容面膜载体；

（6）将美容面膜载体放入加有燕窝粉或丝蛋白粉的美容营养液体中密封包装即得面膜产品，所述燕窝粉或丝蛋白粉为0.5~1.5份。

◀产品应用▶

本品是一种保湿面膜。使用时把面部清洁干净，将该面膜贴于面部，使面膜与面部皮肤贴紧，30min或45min后揭去，涂上护肤品。

◀产品特性▶

本品用食品级原料制成，对人体无毒，无副作用，易降解，绿色环保；用本方法生产的胶状成形贴膜质地柔软，与皮肤的敷贴性好，能吸收和释放较多的营养成分，且保湿性好，使皮肤更光滑富有弹性，淡化皮肤皱纹。本品操作简单，原料来源方便。

配方 17　植物美容面膜

◀原料配比▶

原料	配比（质量份）				
	1#	2#	3#	4#	5#
荔枝核提取物	1	5	10	50	100
二氧化钛	3	3	3	3	3
黄原胶	6	10	10	15	15
1,3-丁二醇	100	150	150	150	150
水杨酸钠	5	5	5	5	5
吐温-20	3	5	5	5	5
EDTA-2Na	1	—	1	—	1
丙二醇	30	50	100	—	60
甘油	20	50		80	60
磷酸氢二钠	10	10	10	10	10
纯净水	加至 1000	加至 1000	加至 1000	加至 1000	加至 1000

原料	配比（质量份）				
	6#	7#	8#	9#	10#
荔枝核提取物	200	250	50	200	200
二氧化钛	3	3	3	3	3
黄原胶	6	10	10	16	16
1,3-丁二醇	100	100	100	100	100
水杨酸钠	5	5	5	5	5
吐温-20	3	5	5	5	5
EDTA-2Na	1	—	1	2	1
丙二醇	30	50	100	—	60
甘油	20	50	—	100	60
维生素 C	—	—	10	10	10
磷酸氢二钠	10	10	10	10	10
人参提取液	—	—	5	—	—
芦荟提取物	—	—	—	5	—
珍珠超细粉	—	—	—	—	5
纯净水	加至 1000	加至 1000	加至 1000	加至 1000	加至 1000

◀制备方法▶

将荔枝核提取物和辅料充分混合，进行搅拌均质乳化，固化成型，分装，即得。

◀产品应用▶

本品是一种植物美容面膜。

◀产品特性▶

本品由植物提取物为原料制成，具有杀灭真菌和螨虫的作用，具有良好的市场前景。

配方 18 美白醒肤面膜

◀原料配比▶

原料	配比（质量份）				
	1#	2#	3#	4#	5#
米糠	15	6	21	21	17
红豆	5	5	7	5	5
橡子粉	10	10	14	14	8
大米	15	6	21	6	17
燕麦粉	10	14	14	14	8
黑芝麻	5	7	7	7	6
大豆	10	10	4	14	8
白茯苓	20	28	8	8	19
当归粉	5	7	2	7	6
人参粉	5	7	2	4	6
黄瓜汁	适量	适量	适量	适量	适量
蜂蜜	适量	适量	适量	适量	适量

◀制备方法▶

（1）制备面膜粉　将原料米糠、橡子粉、红豆、大米、燕麦粉、黑芝麻、大豆、白茯苓、当归粉、人参粉按成分含量比例放入打碎机打碎混合均匀；

（2）黄瓜汁制备　将黄瓜放入榨汁机打碎，取出汁液及渣，混合后制成黄瓜汁；

（3）按比例取面膜粉、黄瓜汁、蜂蜜放入容器中，搅拌均匀至糊状，即制得本品所述面膜。

◀产品应用▶

本品使用时将制备的面膜均匀涂抹于面部，30～60min 后取下面膜，即可。

本品从整体观念出发，通过上述物质的配方组合，以达到"治本"的目的，长期使用可令面部红润白嫩、肌肤光滑细腻，防老减皱，对多种面部疾患如黑斑、面疱等有一定的改善作用。

配方 19　面膜膏

◀原料配比▶

原料	配比（质量份）
白及	6
金银花	4
白附子	6
冰片	1
白芷	6
珍珠粉	5
当归	10
PVA	11.4
淀粉	7.6
尼泊金复合酯钠	0.57
凡士林	290
甘油	32

◀制备方法▶

按比例称取白及、金银花、白附子、冰片、白芷、珍珠粉、当归，以上药物经筛选、混合、干燥后粉碎，过 120 目筛，用钴 60 照射消毒备用。用 PVA 与淀粉制成膜材，再添加市售尼泊金复合酯钠；将凡士林与甘油混合后，将准备好的药材、膜材和防腐剂混合搅拌均匀。使用时取适量涂于面部，剩余面膜膏密封存于阴凉干燥处。

◀产品应用▶

本品是一种面膜膏。

◀产品特性▶

本品将中药成分与各种添加剂制成膏剂，使药物从皮肤表面直接渗透到肌肤内，达到清洁护理的效果，见效快，经济实惠。

配方20 面膜液

原料	配比（质量份）					
	1#	2#	3#	4#	5#	6#
纯净水	1000	1000	1000	1000	1000	1000
红茶	10	8	12	9	11	10
红参	1	0.5	1.5	0.8	1.2	1
红糖	950	900	980	930	960	950
蜂蜜	5	4	6	6	4	5

《制备方法》

（1）按上述原料质量份配比称取原料，先将纯净水烧开，加入红茶和红参浸泡 20～30min，常规过滤，取汁液；

（2）向上述汁液中加入红糖，搅拌至充分溶解，常规过滤，去除渣滓，再煎煮浓缩，至其量和步骤（1）所加纯净水量大体相同，然后冷却至常温；

（3）向上述冷却液加入蜂蜜搅拌至均匀，常规包装，即制得本品面膜液。

《产品应用》

本品是一种面膜液。使用时，先将压缩面巾用纯净水湿润，挤去多余水分，再放入本品面膜液中浸湿，然后取出敷面 10～30min。

《产品特性》

本品构思新颖，配制简单合理，其产品以食物为主要原料，无毒无害；具有良好的保湿，滋养滋润皮肤，使皮肤细腻、有光泽，增加皮肤弹性和美容养颜的效果。

配方21 魔芋面膜

《原料配比》

原料	配比（质量份）	
	1#	2#
魔芋提取液	15	20
高岭土	12	10
氧化锌	2.0	1.8

原料	配比（质量份）	
	1#	2#
乙醇	4.0	6.0
海藻酸钠	3.0	2.0
羧甲基纤维素	1.0	1.0
貂油	2.2	2.2
丙二醇	4.0	4.0
防腐剂	0.01	0.01
香精	0.6	0.6
去离子水	加至 100	加至 100

◀制备方法▶

将各组分混合均匀即可。

◀产品应用▶

本品是一种魔芋面膜。使用方法：彻底洁面后，将本面膜涂于面部，待20min 后用洁面产品洗净即可。

◀产品特性▶

本品中的有效成分可以通过角蛋白特有的水合作用被皮肤吸收，为皮肤提供充足的水分并防止皮肤角质层中的水分蒸发减少，使附加的滋润营养护肤成分易于吸收，能够保持面部滋润，减少面部皮肤皱纹的出现。此外，独特的抗氧化因子能从根本上使皮肤抗衰老能力提高，延缓肌肤衰老。

配方22　牡蛎壳美白面膜

◀原料配比▶

原料	配比（质量份）		
	1#	2#	3#
牡蛎壳粉	10	20	30
维生素 E	1	3	2
氧化锌	1	1	1
甘油	5	10	15
聚乙二醇 6000	30	20	10
聚乙烯醇	15	20	15
三乙醇胺	5	5	10

原料	配比（质量份）		
	1#	2#	3#
香精	1	1	1
防腐剂	1	1	1
去离子水	加至100	加至100	加至100

《制备方法》

（1）将牡蛎壳粉碎；

（2）把聚乙烯醇、去离子水放进反应釜中搅拌加热，控温90℃，至聚乙烯醇完全溶解；

（3）把聚乙二醇6000、甘油、三乙醇胺依次放入反应釜中搅拌30～60min，使固体原料完全溶解，过滤至胶体磨中，此步骤不加热，转移至胶体磨时补足失去的水分；

（4）把牡蛎壳粉、氧化锌、维生素E、香精、防腐剂分别加入胶体磨中，反复研磨，至固体物质在胶体中分散均匀，即得牡蛎壳美容面膜产品。

《产品应用》

本品是一种牡蛎壳美白面膜。

《产品特性》

本品含有17种氨基酸及24种对皮肤有益的元素，克服了以往面膜微量元素含量不丰富、吸附性或生理活性不好等缺点。本品除具有普通面膜的美容、护肤和清洁皮肤的作用外，还在营养、润泽、抗皱、祛斑、美白肌肤以及按摩、生肌活血等方面效果明显。且比普通面膜生产成本低廉，还能充分利用资源，使牡蛎壳变废为宝。

配方23 木瓜面膜

《原料配比》

原料	配比（质量份）
木瓜	1个
柠檬	半个
鸡蛋	1个
酸奶	300
蜂蜜	15

◆制备方法◆

将木瓜去皮、去籽后切成块；柠檬去皮，果肉切块；去鸡蛋黄；将木瓜块、柠檬块、酸奶和蛋清全部放入榨汁机里，搅拌成汁，倒出汁液备用，再加入蜂蜜搅拌即可制成。在具体制作过程中，可加入玫瑰精油。

◆产品应用◆

本品是一种木瓜面膜。

◆产品特性◆

本品制作工艺简单，成本低廉，效果显著。

配方24　木瓜薏仁面膜

◆原料配比◆

原料	配比（质量份）		
	1#	2#	3#
木瓜汁	10	20	15
丝素肽	3	15	9
当归	10	30	20
海藻酸钠	10	20	15
薏仁粉	20	35	27
白芷	5	10	8
牛奶	20	30	25
蜂蜜	10	14	12
白苏	10	30	20
白蒺藜	30	50	40
羧甲基纤维素	20	40	30
香精	0.5	2	1.2

◆制备方法◆

（1）将新鲜青木瓜去皮、去籽、切块，通过打浆机进行打浆，过滤得木瓜汁；

（2）将当归、白芷、白苏、白蒺藜清洗、粗粉碎、加水煎熬、过滤、浓缩、干燥得中药粉；

(3) 将木瓜汁、牛奶、蜂蜜混合，搅拌均匀，加入上述制得中药粉、丝素肽、海藻酸钠、羧甲基纤维素、薏仁粉、香精，继续搅拌均匀得黏稠液体，涂于无纺布上，制成面膜。

◀产品应用▶

本品是一种木瓜薏仁面膜。

◀产品特性▶

本品营养均衡，配方合理，适用于各种皮肤，可滋润养颜，增加皮肤细胞活力，改善皮肤新陈代谢，改良皮脂，增加皮肤水合作用，消除死皮角质及细小皱纹，令肌肤柔滑细腻、富有弹性，并具有良好的祛斑美白效果，深受女性喜爱。

配方 25　纳米蒙脱石面膜

◀原料配比▶

原料	配比（质量份）		
	1#	2#	3#
白芷	30	45	40
珍珠	8	10	8
滑石	5	5	7
纳米蒙脱石	100	100	100

◀制备方法▶

(1) 将白芷、珍珠、滑石粉碎至 $1\sim3\mu m$；

(2) 将粉碎后的白芷、珍珠、滑石和纳米蒙脱石于电热恒温干燥箱中 $100\sim110℃$ 灭菌处理 $15\sim30min$，再在紫外线灭菌灯下照射 $20\sim40min$；

(3) 将上述灭菌后的组分混合均匀，分装成 $5\sim10$ 份的小单元包装。

◀产品应用▶

本品是一种纳米蒙脱石面膜。使用时，将面膜与蛋清、蜂蜜或牛奶调成糊状使用即可。

◀产品特性▶

本品的面膜以纳米蒙脱石和白芷为主要原料，不添加任何化学添加剂，是一种纯天然的皮肤美容面膜，具有强力吸附、美白、祛斑、消炎、祛痘等功效。

配方 26　男士用细致毛孔面膜

❮原料配比❯

原料	配比（质量份）	
	1#	2#
螺旋藻	16	18
珍珠粉	18	18
绿豆粉	12	11
大豆分离蛋白粉	12	11
山药粉	12	11
维生素 E 胶丸	5 粒	6 粒
蜂胶	8	6

❮制备方法❯

将各组分混合均匀即可。

❮产品应用❯

本品是一种男士用细致毛孔面膜。使用时将美容面膜粉涂于面部后数分钟内即成膜，每周 3～4 次，每次 20min 左右，用清水洗掉。

❮产品特性❯

本品中螺旋藻具有深层清理肌肤的作用，珍珠粉具有美白的作用，绿豆粉和山药粉有细致毛孔的作用，维生素 E 胶丸能为肌肤补充营养、美白肌肤。本品可以促进血波循环，赋予肌肤弹性，起到隔离辐射及环境污染、收缩毛孔的作用。

配方 27　凝胶面膜基质

❮原料配比❯

原料	配比（质量份）		
	1#	2#	3#
聚丙烯酸树脂	4	—	—
聚丙烯酸钠	—	8.5	6
羧甲基纤维素钠	1.5	—	—

原料	配比（质量份）		
	1#	2#	3#
甘羟铝	0.03	0.2	0.08
EDTA	0.02	0.25	0.08
尼泊金酯	0.1	—	—
聚乙烯吡咯烷酮	0.05	0.01	0.5
去离子水	50	40	45
卡波姆	—	0.4	1
保湿剂甘油	20	30	25
纳米银	—	—	0.3
聚乙烯醇	—	—	05

〈制备方法〉

（1）按配方比例取聚丙烯酸树脂（或聚丙烯酸钠）、羧甲基纤维素钠、交联剂和 EDTA、抑菌剂，将以上成分依次分散于保湿剂中混匀，即得 A 液。

（2）按配方比例取聚乙烯吡咯烷酮分散于适量的去离子水中搅拌均匀，再将卡波姆铺在液面，静置溶胀 12～24h，再搅拌均匀备用，最后将聚乙烯醇加到适量的水中加热溶解，冷却后，与前者混合搅拌均匀，加入余量的去离子水，搅拌均匀，即得 B 液。

（3）将预先配制好的 A 液，在 15～60r/min 转速搅拌状态下，加入 B 液中混匀，形成凝胶基质，用 pH 调节剂调节 pH 值为 6.5～8.0，充分炼和，即得凝胶面膜基质。

所述保湿剂为甘油、山梨醇、聚乙二醇中的一种或几种。

所述交联剂为甘羟铝或复合铝盐。

所述抑菌剂为水溶性壳聚糖、纳米银、尼泊金酯、山梨酸、苯甲酸中的一种或几种。

所述 pH 调节剂为三乙醇胺或 NaOH 溶液。

〈产品应用〉

本品是一种凝胶面膜基质。

〈产品特性〉

本品具有良好的生物相容性，不会导致患者贴敷部位过敏；本品具有良好的黏附性，可以将面膜有效地贴敷在脸部皮肤上，又不会伤害皮肤；凝胶面膜含水量高，最高可以达到 70%，水分被锁在凝胶中，不易蒸发，可以长时间不间断地给皮肤补充水分。面膜内有效成分含量高，种类丰富。本凝胶面膜基质包容性好，可以和各种有效成分（包括中药、天然植物的提取物和其他各种活性因子）混合，不会发生反应，同时面膜凝胶基质中可以包含高浓度的有效成分；使用方便。

配方28　苹果汁面膜

◄原料配比►

原料	配比（质量份）		
	1#	2#	3#
聚乙烯醇	20	30	24
羟乙基纤维素	1	3	2
山梨醇	5	8	6
甘油	5	8	6
珍珠粉	1	3	2
蜂蜜	1	3	2
白芷	2	6	3
甘草	1	3	2
苹果汁	10	20	16
香精	0.1	0.3	0.2
去离子水	50	80	60

◄制备方法►

（1）按配方量将聚乙烯醇及羟乙基纤维素混合均匀；

（2）加入配方量的山梨醇及甘油，混合均匀；

（3）再加入珍珠粉、白芷、甘草及一半配方量的去离子水，搅拌分散均匀；

（4）加入蜂蜜及苹果汁，搅拌混合均匀；

（5）最后加入香精及另一半的去离子水，搅拌使其完全均匀。

◄产品应用►

本品是一种苹果汁面膜。

◄产品特性►

本品成膜快、黏着力强，且易除去，一般涂敷15min左右即可揭去面膜；本品可使面部皮肤紧致，消除皱纹效果明显，而且具有营养及滋润皮肤的功效；适用范围广，干性、油性及中性皮肤均可使用；本品无毒、无害，安全可靠。

配方29 葡萄籽贴布式面膜

原料	配比（质量份）		
	1#	2#	3#
甘油	5	9	7
山梨醇	0.5	1.2	1
三乙醇胺	0.1	0.6	0.5
柠檬酸	0.05	0.12	0.1
EDTA-2Na	0.05	0.12	0.1
黄原胶	0.2	0.5	0.4
羧甲基纤维素钠	0.6	0.9	0.8
山梨酸	0.1	0.3	0.2
葡萄籽超微粉	0.8	1.5	1.0
香精	0.05	0.12	0.1
水	20	30	25

‹制备方法›

（1）先将甘油、山梨醇、三乙醇胺、柠檬酸、EDTA-2Na、黄原胶、羧甲基纤维素钠和山梨酸加水充分溶解混匀，待所有物质都溶解后再依次加入葡萄籽超微粉和香精，最后用无纺布面贴浸透面膜液，进行单片式无菌处理包装。

（2）葡萄籽超微粉的制备方法为将葡萄籽挑选除杂后，用 NaCl 溶液清洗，45～55℃干燥，干燥后将葡萄籽与微晶纤维素钠混合，−25～−20℃下冷冻粉碎45～60min 即可。

‹产品应用›

本品是一种葡萄籽贴布式面膜。

‹产品特性›

本品具有美白、抗衰老、保湿功效，针对性更强。用冷冻粉碎法将葡萄籽进行超微粉碎，根据工艺要求加入面膜液中。面膜液成分的选择均为对人体无毒无害的原料，基本做到天然、安全。

配方 30 祛斑除皱面膜

‹原料配比›

原料	配比（质量份）
白丁香	30～50
桃花	15～30
白蒺藜	20～30
白果仁	20～30
白术	20～30
桃仁	20～30
当归	15～30
胎盘粉	15～20
白及	20～30
人参	20～30
薏米	20～30
白茯苓	20～30
白芷	15～20
牛奶	适量
蜂蜜	适量
玫瑰精油	适量

‹制备方法›

将所述原料按其质量配比称取后干燥粉碎，过 100～120 目筛；取药粉 5～10 份，加牛奶调成糊状，再加入蜂蜜 2～5（体积份），玫瑰精油 1.5～2.5（体积份）。

‹产品应用›

本品是一种祛斑除皱面膜的组合物。使用时调匀敷脸 30min 后，温水洗净。15 天 1 疗程，间隔 3 天使用 1 次，2 个疗程后即可达到祛斑美容的目的。

‹产品特性›

本品配伍合理，疗效显著，标本兼治；具有祛斑、除皱的功效，用后皮肤洁白亮丽。

配方 31 祛斑面膜 （一）

原料配比

原料	配比（质量份）
当归	50
白芷	50
白僵蚕	30
白蒺藜	30
白及	30
白附子	30
白蔹	30
白茯苓	50
密陀僧	30
桃仁	30
甘草	150
鸡蛋清	适量

制备方法

将各组分洗净、干燥、粉碎，过 100 目筛，用鸡蛋清调成糊状。

产品应用

本品是一种祛斑面膜。使用时，以中性洗面奶清洁皮肤，清水擦拭面部后涂按摩膏，沿面部肌肉走向轻柔按摩，并在睛明、四白、承泣、太阳、丝竹空、攒竹、印堂、颊车等面部常用美容穴位进行按压，揉摩约 15min，以面部皮肤潮红、肤温增高为度，擦去按摩膏，清洁皮肤，取祛斑面膜 10g 涂于面部，40～50min 自行干燥后，用清水浸湿掀除，洗净面部皮肤，涂上润肤霜。每周 3 次，4 周为 1 疗程，共治疗 3 个疗程。

产品特性

本品诸药合用，可活血祛瘀、透达经络、悦泽容颜、祛斑增白。本品促使皮肤新陈代谢，使形成的黑色素尽快脱落，并使局部的色素沉着减少。

配方 32　祛斑面膜（二）

‹原料配比›

原料	配比（质量份）					
	1#	2#	3#	4#	5#	6#
白蒺藜	258	480	520	423	1000	235
红花	71	60	200	71	200	94
当归	141	60	80	916	680	141
卡拉胶	11	11	11	11	11	13
丙二醇	50	50	50	50	50	50
0.5％透明质酸液	0.1	0.1	0.1	0.1	0.1	0.1
胶原蛋白	5	5	5	5	5	5
尼泊金乙酯	2	2	2	2	2	1
尼泊金丙酯	—	—	—	—	—	1

‹制备方法›

取白蒺藜、红花和当归，加水煎煮两次，第一次加入 8 倍量水，第二次加入 6 倍量水，每次 3h，合并两次煎液，过滤，浓缩成约 0.5∶1 药液（0.5g 药材/体积），冷藏静置 24h，过滤，调整滤液成 0.5∶1 药液（0.5g 药材/体积），得中药提取液；按每张面膜载 80（体积）中药提取液的比例，取中药提取液加入分散好的丙二醇、卡拉胶和尼泊金乙酯、尼泊金丙酯，加热至 80～90℃充分搅拌 15min，调节 pH 值至 5.5～6.5，冷却至约 50℃加入 0.5％透明质酸液和胶原蛋白，混匀，使溶解完全，成膜，包装，灭菌，即得。

上述步骤中，所述的 0.5％透明质酸液是 0.5％（质量分数）的透明质酸水溶液。由于透明质酸较难溶，和药液直接相混难以均匀分散，故先将透明质酸溶解于水中得到透明质酸液，然后再与药液混合。

‹产品应用›

本品是一种用于祛斑的中药面膜。

‹产品特性›

本品能疏肝活血、化瘀祛斑、增强皮肤代谢。本品还可含有小麦胚芽油、透明质酸和胶原蛋白等皮肤营养物，可进一步提高本品的美容效果。

配方 33　祛斑中药面膜

原料	配比（质量份）		
	1#	2#	3#
当归	30	35	25
白茯苓	30	25	35
山茱萸	15	17	13
珍珠	30	25	35
桃仁	15	17	13
蜂蜜水或蛋清	适量	适量	适量

◀ 制备方法 ▶

将中药原料粉末加工成超微粉，按照 30 份加入蜂蜜水或蛋清 30～60 份调成糊状即可。

◀ 产品应用 ▶

本品是一种祛斑中药面膜。使用时采用原料粉末加工成超微粉，每次 30g 用蜂蜜水 50g 或蛋清调成糊状，均匀敷于脸上 15～20min。

◀ 产品特性 ▶

本品可起到调血行水、调节内分泌等功效，促进脾脏的运化功能，促进新陈代谢，从而促进各种毒素及自由基的排出，增强机体抵抗力等。

配方 34　祛痘消炎中药面膜粉

◀ 原料配比 ▶

原料	配比（质量份）					
	1#	2#	3#	4#	5#	6#
芦荟	25	25	15	15	15	15
白及	10	10	10	10	15	15
野菊花	7	7	10	10	10	10
白鲜皮	5	5	5	5	9	9
绿茶	5	5	9	9	9	9

◀制备方法▶

（1）按质量份数称取芦荟、白及、野菊花、白鲜皮、绿茶为原料；

（2）取芦荟冷冻干燥粉碎成 140～160 目细度；

（3）取其余药物按比例混合粉碎成 140～160 目细度；

（4）取上述全部药物细粉按比例混合均匀，钴 60 照射灭菌，分袋包装，制成散剂。

◀产品应用▶

本品是一种具有祛痘消炎功效的中药面膜粉。使用时，根据面部使用面积，取本品适量，加入凉开水（或酸奶、脱脂牛奶、蜂蜜），搅成糊状，涂抹在脸上，厚 3～5mm，待 20～30min 干透后，然后用清水洗净。

◀产品特性▶

本品是一种纯天然的中药组合物质，区别于现行的由化学成分制作的同类产品。可祛痘消炎、止痒消肿、美白养颜，使用时脸部感到舒适，不存在烧灼之类的不良反应。

配方 35　祛红血丝面膜化妆品

◀原料配比▶

原料	配比（质量份）
GD-9022 乳化剂	1.5
单硬脂酸甘油酯	1
霍霍巴油	2
羟苯丙酯	0.06
十六-十八混合醇	3
液体石蜡	4
维生素 E	0.5
DP-300	0.2
绿石泥	50
K-30	1
丙三醇	6
杰马 BP	0.3
蒸馏水	加至 100
表皮生长因子	0.0003
CMG（羧甲基葡聚糖）	0.2
透明质酸	10
水溶月桂氮酮	1.5
胶原蛋白	1

将 K-30、丙三醇、杰马 BP、蒸馏水、表皮生长因子、CMG、透明质酸、水溶月桂氮酮、胶原蛋白调和均匀后，加入绿石泥搅拌均匀，直至形成拉丝状，加入 GD-9022 乳化剂、单硬脂酸甘油酯、霍霍巴油、羟苯丙酯、十六-十八混合醇、液体石蜡、维生素 E、DP-300，适当搅拌即可。

《产品应用》

本品是一种祛红血丝面膜化妆品。

《产品特性》

本品由于添加了生物制剂细胞表皮生长因子与维生素 E，不仅具备祛皱、修复创伤、祛斑作用，同时可增加皮肤毛细血管的血流量，维持毛细血管的正常通透性。两种添加剂结合起来，使得本品具有祛除面部红血丝、保湿、护肤、美容之综合功效。

配方 36　祛黄褐斑中药面膜粉

《原料配比》

原料	配比（质量份）			
	1#	2#	3#	4#
沙棘	6	6	10	10
芦荟	3	3	6	6
山楂	10	10	15	15
橘皮	8	8	12	12
维生素 E 粉	6	6	8	6

《制备方法》

取沙棘、芦荟、山楂、橘皮，粉碎，过筛，加入维生素 E 粉，均匀混合，分袋包装。各料的粒度在 140 目上下。

《产品应用》

本品是一种具有祛黄褐斑功能的中药面膜粉。

《产品特性》

本品是一种纯天然的无毒副作用的营养物质，区别于现行的由化学成分制作的同类产品。使用时脸部感到舒适，不存在烧灼之类的不良反应，使用后皮肤变得光滑、细腻、滋润、富有弹性，并且在使用时配以牛奶亦能起到美白之效果。

配方 37 祛皱中药面膜

‹原料配比›

原料	配比（质量份）								
	1#	2#	3#	4#	5#	6#	7#	8#	9#
当归	118	180	320	141	960	120	94	141	47
麦冬	211	120	360	564	320	20	211	211	329
白及	141	300	120	705	600	60	165	118	94
卡拉胶	11	11	11	11	11	11	13	13	13
乙醇	—	—	—	—	—	—	—	—	50
丙二醇	50	50	50	50	50	50	50	—	—
透明质酸	0.1	0.1	0.1	0.1	0.1	0.1	0.1	0.1	0.25
胶原蛋白	5	5	5	5	5	5	5	5	10
尼泊金乙酯	2	2	2	2	2	2	1	1	1
尼泊金丙酯	—	—	—	—	—	—	—	1	—
苯甲醇	—	—	—	—	—	—	—	—	5

原料	配比（质量份）							
	10#	11#	12#	13#	14#	15#	16#	17#
当归	94	80	80	229	150	150	150	80
麦冬	235	240	240	686	600	600	600	240
白及	141	150	150	428	350	350	350	150
卡拉胶	13	10	11	—	—	—	—	11
阿拉伯胶	—	3	—	—	—	—	—	—
乙醇	50	—	—	—	—	—	—	—
丙二醇	—	50	50	180	50	50	50	50
透明质酸	0.25	0.25	0.25	0.36	0.1	0.1	0.1	—
胶原蛋白	10	10	50	18	5	5	5	—
尼泊金乙酯	2	2	2	—	—	—	—	2
尼泊金丙酯	—	—	—	—	—	—	—	—
苯甲醇	—	—	—	—	—	—	—	—
小麦胚芽油	—	—	—	—	20	20	20	—
1264 乳化剂	—	—	—	—	4	—	—	—
SP-115A	—	—	—	—	—	4	—	—
吐温-80	—	—	—	—	—	—	10	—

《制备方法》

(1) 取麦冬、当归和白及，加水煎煮两次，第一次加 6～10 倍，煎煮 1.5～3h，第二次加 6～10 倍，煎煮 1.5～3h；合并两次煎液，过滤，浓缩至 0.2～2 药材/（体积份），冷藏静置 10～24h，过滤，加水调整滤液浓度为 0.2～2 药材/（体积份），得中药提取液。

(2) 按每张面膜载 80（体积）所述中药提取液的比例，取中药提取液，加入分散剂和载体，按常规方法制成面膜。

《产品应用》

本品是一种祛皱中药面膜。

《产品特性》

本品能很好地滋养肌肤，使得肌肤光滑无斑，滋阴润肤。

配方 38　祛痘护肤面膜

《原料配比》

原料	配比（质量份）		
	1#	2#	3#
绿豆粉	100	120	80
白芷粉	50	60	40
白茯苓	100	120	80
白及粉	50	60	40
珍珠粉	30	20	30
甘草粉末	15	10	20
牛奶	30	120	50
蛋清液	100	100	100

《制备方法》

将上述蛋清液置于容器中，然后分别将上述绿豆粉、白芷粉、白茯苓、白及粉、珍珠粉、甘草粉末、牛奶加入容器中，在此过程中不断搅拌使之均匀，即得成品。

《产品应用》

本品是一种祛痘护肤面膜。

《产品特性》

本品敷面，每次 0.5h 左右，1 周 3～4 次，大约 2 周，脸上的痘就有明显的收缩、结壳、消失效果，而且能有效抑止新痘的出生，1 个月左右即可基本清除，

2 个月左右基本消除黑印。如果在第二年天热时提前敷用一段时间，则能防止痘痘的发生。

配方 39　深度保湿美白面膜

‹原料配比›

原料	配比（质量份）
鲸蜡硬脂醇醚-6 和硬脂醇	1.5
鲸蜡硬脂醇醚-25	1.7
鲸蜡硬脂醇	6
单甘油酯	2.2
棕榈酸乙基乙酯	9
二 C_{12}～C_{13} 醇苹果酸酯	3
矿油	5
红没药醇	0.2
番茄红素	0.6
甘油	8
尿囊素	0.28
二氧化钛	2.0
高岭土	2.5
甜菜碱	0.7
去离子水	57.9
苯甲醇/甲基异噻唑啉酮	0.2
胶原蛋白	1.7
玫瑰香精	0.02

‹制备方法›

(1) 先将鲸蜡硬脂醇醚-6 和硬脂醇、鲸蜡硬脂醇醚-25、鲸蜡硬脂醇、单甘油酯、棕榈酸乙基乙酯、二 C_{12}～C_{13} 醇苹果酸酯、矿油、红没药醇加入油罐里搅拌，升温至 85℃。

(2) 将甘油、尿囊素、二氧化钛（325 目筛处置）、高岭土、甜菜碱等原料加入水罐里升温至 85℃。（水罐所用去离子水，电导率小于 0.5μS/cm，pH 值为 6～7。）

(3) 将番茄红素先用部分量的棕榈酸乙基乙酯搅拌升温到 50℃，使番茄红素完全溶解于剩余的棕榈酸乙基乙酯投入油罐即可。

（4）将主罐预热 45℃抽真空（−0.8MPa），开搅拌均质器 2500r/min。把油罐、水罐里的料全部吸入主罐（为简便生产程序也可用主罐直接替代油罐拌和后，吸入水罐料即可），均质 10min 后，恒温 20min 开始降温。

（5）降温至 50℃时，加入完全溶解的番茄红素，搅拌均质 2～3min。

（6）降温至 45℃时，加入苯甲醇/甲基异噻唑啉酮、胶原蛋白、玫瑰香精搅拌均匀。

（7）降温至 40℃时，测 pH 值 4.5～7.5 时合格出料。

《产品应用》

本品是一种深度保湿美白面膜。

《产品特性》

本品能深层滋润肌肤，淡褪细纹，让黯沉蜡黄的肤色恢复粉嫩细致，减少黄褐斑，深层清洁肌肤，使肌肤富有弹性。长期使用能使皮肤柔嫩、白皙红润、抗氧化、抗衰老。

配方 40　深海鱼皮胶原肽紧肤抗衰老面膜

《原料配比》

原料		配比（质量份）			
		1#	2#	3#	4#
水相	高岭土	7	20	10	15
	滑石粉	3	10	10	10
	淀粉	8	5	10	5
	甘油	8	5	10	—
	去离子水	少量	少量	少量	少量
	山梨醇	—	—	—	10
活性物质	深海鱼皮胶原多肽	10	5	1	3
	海藻糖	2	1.5	1	1
	菊糖	1	0.8	0.5	0.5
羧甲基纤维素		0.6	1	1	0.8
硅酸镁铝		0.4	1	0.5	0.4
醇相	表面活性剂	1	2	1	1.5
	橄榄油	8	10	—	5
	防腐剂	0.2	0.2	0.15	0.15
	霍霍巴油	—	—	5	5

原料		配比（质量份）			
		1#	2#	3#	4#
玫瑰纯露		2	2	2	2
乙醇		适量	适量	适量	适量
防腐剂	尼泊金甲酯	4	4	4	4
	尼泊金丙酯	1	1	1	1

◀ 制备方法 ▶

（1）将无机粉状物、淀粉和保湿剂、去离子水置于容器中加热至 70～80℃ 搅拌混匀，制成水相；

（2）将深海鱼皮胶原多肽、海藻糖、菊糖置于容器中加热至 40～50℃ 溶解，搅拌混匀，得活性物质相；

（3）将增稠剂置于容器中加入去离子水，搅拌使成透明状；

（4）将表面活性剂、油脂以及防腐剂用乙醇溶解加热至 40℃，搅拌混合，制得醇相；

（5）将步骤（1）和步骤（3）所得物混合搅拌均匀后，再将步骤（2）和步骤（4）所得物加入混合，于 30～50℃ 搅拌，冷却后加入玫瑰纯露，搅拌混匀得膏状面膜。

◀ 产品应用 ▶

本品是一种深海鱼皮胶原肽紧肤抗衰老面膜。

◀ 产品特性 ▶

本品所使用的胶原多肽原料来自水产品加工废弃物，充分利用水产品加工废弃物，不仅可以减少环境污染和资源的浪费，而且可以增加水产品加工的附加值，提高经济效益。鱼皮胶原蛋白中氨基酸组成与人体皮肤胶原蛋白的氨基酸组成接近，并且相对于以陆生动物或淡水动物组织为原料生产的胶原多肽具有无污染、无病源（如疯牛病、口蹄疫、禽流感等）隐患等优点。本品种深海鱼皮胶原多肽与其他美容物质相结合，增强面膜的美容功效，并且面膜中添加了海藻糖，作为皮肤渗透剂，增加皮肤对营养成分的吸收，面膜中添加的玫瑰纯露，不仅可以作为护肤成分，而且使产品具有玫瑰纯香，从而使面膜无须添加香精。本品主要是形成皮肤上的覆盖膜，可以清除毛孔中堆积的油脂和污垢，为肌肤补充营养，调理肌肤，平整细纹，延缓衰老。本品制作工艺简单，成本低廉，易于推广。

配方41 生肌抗菌面膜

《原料配比》

原料	配比（质量份）
丙二醇	5
三乙醇胺	3
甘油	5
阿拉伯胶	5
三硬脂酸甘油酯	6
硬脂酸	5
海藻酸钠	6
氧化锌	2.5
高岭土	5.5
地龙提取物	3
何首乌提取物	3
地黄提取物	5
防腐剂	0.05
纯化水	加至100

《制备方法》

（1）将丙二醇、三乙醇胺、甘油、阿拉伯胶溶于纯化水，加热至70℃；

（2）将三硬脂酸甘油酯与硬脂酸混合加热至70℃；

（3）将上述两者混合，冷却后加入海藻酸钠、氧化锌、高岭土、地龙提取物、何首乌提取物、地黄提取物、防腐剂，搅拌均匀。

《产品应用》

本品是一种生肌抗菌面膜。

《产品特性》

本品含有中草药有效成分，能有效消除皮肤瘢痕、修复皮肤破损，并起到滋润营养的功效，同时又能抗菌消炎。

三 祛斑化妆品

配方 1 参苷抗衰祛斑养颜膏

<原料配比>

原料	配比（质量份）
人参	15
川芎	15
丹参	15
白芷	10
白芍	15
红花	10
白果	10
灵芝	10
乙醇	95
95%乙醇	适量
水	适量
吐温-80	适量

《制备方法》

(1) 以上中药，经干燥、粉碎后，用95％乙醇浸提、过滤后，再将药粉用水煎煮。

(2) 合并以上提取液，加入皮肤表面活化剂吐温-80，充分搅拌后，蒸发浓缩，配制成流浸膏剂，由使用者涂擦于面部皮肤。

《产品应用》

本品是一种改进的皮肤抗衰祛斑养颜膏，特别是一种在去除面部黄褐斑的同时，能以强生物活性物质进行护肤保养的祛斑膏。

《产品特性》

使用本品可在对面部皮肤黄褐斑、色斑进行无损伤祛斑治疗的同时，进行皮肤祛皱嫩肤保养。

配方2　茶树油祛斑剂

《原料配比》

	原料	配比（质量份）
A	羟基乙烯聚合物	60～70
	月桂基聚乙烯醚	30～40
B	丙二醇	40～50
	甘油	40～50
	液体石蜡	60～70
	纯水	1000
C	乳化硅油	20～30
	水溶性月桂氮酮	10～20
D	茶树油	20～30
	水溶性茶树露	300～500
E	甘草黄酮	6～8
	曲酸	3～5
	熊果苷	4～6

《制备方法》

(1) 将羟基乙烯聚合物60～70g和月桂基聚乙烯醚30～40g缩合成化合物A；

将丙二醇 40～50g、甘油 40～50g、液体石蜡 60～70g 和 1000g 纯水在高剪切的搅拌下制成 B。

(2) 将茶树油 20～30g、水溶性茶树露 300～500g 制成 D。

(3) 将乳化硅油 20～30g、水溶性月桂氮酮 10～20g 混合成 C。将甘草黄酮 6～8g、曲酸 3～5g、熊果苷 4～6g 混合成 E。

(4) 然后将 B、C 和 D 加入 A 中，搅拌成凝胶状后，升温至 40～50℃加入 E，制备成凝胶。

‹产品应用›

本品是一种茶树油祛斑剂。

‹产品特性›

茶树油中含有大量的松油醇、α-松油烯、γ-松油烯、1,8-桉叶油素，是一种天然的防腐剂，它具有明显的抗菌和杀菌作用。本品使用茶树油制备成凝胶状态，将其涂抹在相关位置，能使皮肤快速吸收，促进皮肤代谢，具有较好的祛斑效果。

配方3 纯天然生物提取祛斑液

‹原料配比›

原料	配比（质量份）				
	1#	2#	3#	4#	5#
丹参	70	65	50	60	60
水牛角	80	85	60	80	80
桃仁	—	30	—	—	40
水	3000	2500	600	2000	2000

原料		配比（质量份）							
		1#	2#	3#	4#	5#	6#	7#	8#
酶解液	纤维素酶	1	1	1	1	1	1	1	1
	酵母菌	0.5	0.6	0.7	0.8	0.9	1	0.75	0.85
	蛋白酶	0.7	0.6	0.05	0.1	0.5	0.3	0.01	1

‹制备方法›

(1) 将丹参、水牛角、桃仁浸泡于水中，加入酶解液 0.1～0.5 份，所述酶解液质量分数为 1％～5％，酶解液中各物质的比例如下：纤维素酶与酵母菌、蛋白酶按照质量计算，比例为（1∶0.5）～［1∶（0.01～1）］；浸泡时间8～12h，水温在30～50℃；

（2）将浸泡过的混合物放入蒸煮容器中，在50～100℃的条件下，蒸煮0.8～8h；

（3）将蒸煮过的液体进行2～3次过滤，得到本产品。

《产品应用》

本品是一种纯天然生物提取祛斑液。本产品可以直接用提取液涂于皮肤表面，也可以按照现有技术配制成膏霜或乳液。

《产品特性》

（1）本品利用中药材君臣佐使的性质，经过大量的实验，筛选出最简单却最有效的配方。

（2）现有的激光技术或者酸碱类腐蚀性作用用于祛斑产品，容易脱皮，反弹，导致皮肤受到伤害，甚至大于治疗前；本产品涂抹于皮肤表面，不脱皮，不反弹，使用方便，安全，无毒副作用。

（3）本品经过酶解工艺后，使得原料中的有益成分极大程度地被提取出来，极大限度地避免了原料的浪费，提高了产品的生产率，产量高，且制得的产品质量好、精纯，适合工业化生产。

配方4 当归人参祛斑霜

《原料配比》

	原料	配比（质量份）
甲组分	硬脂酸	5
	单硬脂酸甘油酯	12
	液体石蜡	12
	羊毛脂	8
	凡士林	8
乙组分	当归提取物	1
	菟丝子提取物	1
	川芎提取物	0.5
	白芷提取物	0.5
	人参提取物	2
	蒲公英提取物	0.8

原料		配比（质量份）
丙组分	玫瑰香精	0.05
	防腐剂	0.02

《制备方法》

将甲组分与乙组分分别加热至 70℃，在此温度下，边搅拌边将乙组分加入甲组分中进行乳化，当温度降至 45℃时，加入丙组分，搅拌均匀，静置冷却即得。

《产品应用》

本品是一种当归人参祛斑霜。

《产品特性》

将中药成分加入祛斑霜中，也能营养滋润皮肤，增加皮肤营养供应，防止皮肤脱水干燥，同时还能有效祛斑。

配方5　复方祛斑化妆品

《原料配比》

实例 1：润肤霜

原料		配比（质量份）
主药	灵芝	0.1
	当归	33.5
	芦荟胶冻干粉	36.2
	川芎	30.2
配料	维生素 C	27.2
	维生素 E	36.4
	氢醌	36.4
基料	雪花膏	100
润肤霜	主药∶配料∶基料	7∶3∶90

实例2：外敷膜

原料	配比（质量份）
灵芝	13.5
当归	21
川芎	16
茯苓	13.5
膨润土	13.5
芦荟	21
银杏叶	10
白附子	10
白芷	11.5
氧化锌	11.5
益母草	43
白僵蚕	9
硇砂	6.5
石膏粉	300

◀制备方法▶

实例1：

（1）选主药原料，烘干，磨粉过 200 目筛，取灵芝 0.1g，芦荟胶冻干粉 36.2g，当归 33.5g，川芎 30.2g，配100g主药；按上述质量配比混配得主药；

（2）取维生素 C 27.2g，维生素 E、氢醌各 36.4g 配 100g 配料；按上述质量百分比选配料原料混合得配料；

（3）按主药：配料：基料以 7∶3∶90 调配 100g 乳剂，消毒、包装。

实例2：

（1）选料烘干、磨粉过 180 目筛；

（2）取灵芝、茯苓、膨润土各 13.5g，当归、芦荟各 21g，川芎 16g，银杏叶、白附子各 10g，白芷、氧化锌各 11.5g，益母草 43g，白僵蚕 9g，硇砂 6.5g，石膏粉 300g 调配 500g 膜粉，按上述质量配比混合搅拌调配、静置、冷却、消毒、包装。

◀产品应用▶

本品主要属于复方祛斑化妆品。润肤霜：每日 3 次，每次适量，轻轻按摩吸收。

外敷膜：取 50～200g 膜粉，温开水调糊，敷面 10～20min 揭膜，1 周 1 次，膜粉与水为 1∶0.7。

《产品特性》

本品的中药方剂为组合配方，由润肤霜、外敷膜组成，多管齐下达到良好效果。

配方6 葛根异黄酮祛斑霜

《原料配比》

原料	配比（质量份）	
	1#	2#
单硬脂酸甘油酯	2.0	1.0
聚乙烯乙二醇单硬脂酸酯	5.0	2.0
角鲨烷	10.0	8.0
甘油三辛酸酯	12.0	8.0
EDTA-2Na	0.2	0.1
硬脂醇	7.5	5.5
葛根黄酮苷	0.5	0.2
柠檬酸钠	2.0	1.0
离子交换水	加至 100	加至 100

《制备方法》

按常规方法制成霜剂。

《产品应用》

本品是一种葛根异黄酮祛斑霜。抹于皮肤，长期使用，可以明显使雀斑、老年斑变淡至消失。

《产品特性》

本品中含有的葛根黄酮苷能够抑制黑色素的沉积，使形成色斑的黑色素消失，从而使色斑减淡、消失。

配方 7 含有壬二酸的祛斑护肤化妆品

〈原料配比〉

表 1：壳聚糖壬二酸盐

原料	配比（质量份）
脱乙酰度不低于 50％的壳聚糖	10
壬二酸	5
去离子水	适量

表 2：祛斑护肤霜

原料	配比（质量份）
壳聚糖壬二酸盐	5
维生素 E 乙酸酯	0.8
十六烷醇	4
凡士林	4
硬脂酸甘油酯	1
聚氧乙烯十六烷基醚	30
香精	适量
防腐剂	适量

〈制备方法〉

表 1：将质量为 10g 的脱乙酰度不低于 50％的壳聚糖加入去离子水中，搅拌，放入 50℃左右的水浴中边搅拌边加入 5g 壬二酸，不断搅拌，直到反应完毕后生成均匀的壳聚糖壬二酸盐溶胶，干燥溶胶得到固体的壳聚糖壬二酸盐。

表 2：先将壳聚糖壬二酸盐 5g 和 0.8g 的维生素 E 乙酸酯溶于水中，搅拌溶解制成水相备用，再将十六烷醇 4g、凡士林 4g、硬脂酸甘油酯 1g 和聚氧乙烯十六烷基醚 30g 混合，加热至 70℃使它们充分融化制成油相备用，然后将水相与油相混合，添加适量香精和防腐剂，搅拌并使其乳化，乳化后冷却至室温，陈化24h 后，得到质量为 100g 的含有壬二酸的祛斑护肤霜。

〈产品应用〉

本品是一种含有壬二酸的祛斑护肤化妆品。

本品是一种壬二酸的有效含量较高，集抗菌、祛斑、抗粉刺、美白、保湿和抗皱等优点于一体的护肤化妆品。

《产品特性》

　　本品的优点在于含有壬二酸，包括油相和水相，水相中含有祛斑护肤化妆品总质量 2.8%～8.2% 的壳聚糖壬二酸盐，壳聚糖壬二酸盐是由壬二酸与壳聚糖按质量比 1：(1～2)，在不高于 70℃ 的温度条件下反应后得到，壳聚糖的分子中脱乙酰度不低于 50%；这样在祛斑护肤化妆品中壬二酸的有效含量可以达到 4%；壳聚糖壬二酸盐应用于祛斑护肤化妆品中，既具有壬二酸的抑菌、消除黑色素和粉刺的作用；又具有壳聚糖生物相容性和成膜性，能抑制细菌和霉菌，还能抑制黑色素形成酶的活性；壳聚糖能与表皮脂膜层中神经酰胺作用，可填充在表皮产生的干裂缝及被皮肤表面吸收并形成保护膜，调节皮脂正常分泌和促进皮肤细胞再生的作用，而且使两者的生物活性达到叠加。因此壳聚糖壬二酸盐不但具有抗菌、祛斑、保湿、抗皱和抗粉刺的功效，而且还能被皮肤表面吸收并形成保护膜，调节皮脂正常分泌和促进皮肤细胞再生，使皮肤更细腻和洁白；所以使用本品后皮肤的质感较好，无不良副作用。

配方8　含有珍珠水解液脂质体的祛斑霜

《原料配比》

原料		配比（质量份）	
		1#	2#
油相	单硬脂酸甘油酯	6	8
	辛酸/癸酸甘油三酯	3	3
	二甲基硅油	2.5	3
	白矿油	4	2
	硬脂酸	2	3
水相	丙三醇	4	5
	聚丙烯酸增稠剂	0.3	0.2
	丙二醇	2	4
	对羟基苯甲酸甲酯	0.2	0.2
	去离子水	适量	适量
珍珠水解液脂质体		2	4
β-羟基-D-吡喃葡萄糖苷		3	4
维生素 C 棕榈酸酯		1	2
三乙醇胺		0.4	0.3
香精		0.2	0.2

续表

原料	配比（质量份）	
	1#	2#
咪唑烷基脲	0.3	0.3
去离子水	70	60

《制备方法》

（1）将单硬脂酸甘油酯、辛酸/癸酸甘油三酯、二甲基硅油、白矿油、硬脂酸混合搅拌并加热至70～85℃，保温15～25min得到油相混合料；

（2）将聚丙烯酸增稠剂用去离子水浸泡2～4h，然后将其与丙三醇、丙二醇、对羟基苯甲酸甲酯一起加入乳化锅内，混合搅拌并加热至70～85℃，保温15～25min得到水相混合料；

（3）将油相混合料于搅拌过程中加入乳化锅中与水相混合料混合均匀，然后高速均质6～10min，冷却至50～60℃；将β-羟基-D-吡喃葡萄糖苷加入去离子水中并加热至50～60℃使β-羟基-D-吡喃葡萄糖苷溶解后加入乳化锅，再依次加入珍珠水解液脂质体、维生素C棕榈酸酯、三乙醇胺、香精、咪唑烷基脲，边搅拌边降温至35℃以下出料得成品。

《产品应用》

本品是一种美容化妆品，为一种含有珍珠水解液脂质体的祛斑霜。

《产品特性》

本祛斑霜工艺简单，有效地利用珍珠中的有效成分和活性物质，将珍珠水解液脂质体中含有的多种氨基酸和微量元素、多肽等营养物质，与β-羟基-D-吡喃葡萄糖苷、熊果苷和维生素C棕榈酸酯等多种美白祛斑成分进行有机结合，不仅可以抑制皮肤中酪氨酸酶的活性，而且可以淡化黑色素，补充肌肤所需养分，并且可以防止因脱皮而造成的皮肤过敏、角质层变薄，祛斑效果不反弹，达到真正美白祛斑的目的。

配方9　护肤祛斑膏

《原料配比》

原料	配比（质量份）
珍珠粉	60
当归	65
人参	15
川芎	30

原料	配比（质量份）
红花	10
白果	50
维生素 E	10
基质	760
纯净水	400

◀制备方法▶

(1) 把珍珠粉装入无菌有盖玻璃瓶备用。

(2) 把维生素 E 装入无菌有盖玻璃瓶备用。

(3) 把按配比配齐的混合物研磨成细粉，后将经细筛过粉末放入煎药机的容罐并加入 400mL 纯净水，浸泡 0.5h 后开始加热，煎 1h，经过 6～8 次过滤后装入罐中，再低温加热蒸发至 170ml 液体备用。

(4) 取混合后的基质装入无菌可耐热容器里，加热并顺时针搅拌至液化后停止加热，至 70～80℃，而后加入混合物液体和维生素 E，再顺时针搅拌加热至 50℃左右。最后加入珍珠粉，继续按顺时针不停搅拌至冷却成膏。

◀产品应用▶

本品是一种以优质珍珠粉等为原料制成的外用护肤祛斑膏。可直接作用于患处，治疗效果好，见效快，无任何副作用。

◀产品特性▶

由于本品根据中医学内病外治的理论，在实质配方中使用了珍珠粉及中药。这种采用具有益气补血、活血祛斑、养颜美容、护肤抗氧化作用的药物配伍而制成的外用药，可直接作用于患处，治疗效果好，见效快，无不良反应。

配方 10　护肤祛斑液

◀原料配比▶

原料	配比（质量份）
芦荟提取液	40
提纯甘油	5
维生素 E	15
加氢鱼鲨烷	10
曲酸及其衍生物	30

《制备方法》

将各组分加入容器内，搅拌均匀即可。

芦荟的提取方法是将芦荟的叶子烘至四五成干，然后用榨汁机榨汁，用滤纸过滤，去除杂质，取出液体。

甘油的提纯方法是将甘油放入酒精灯试管内加热，在加热过程中有一部分的物质挥发掉，剩余物用滤纸过滤，将杂质滤出，过滤液为提纯甘油。

《产品应用》

本品主要是一种护肤祛斑的外用擦剂，尤其是一种对黄褐斑有明显效果的外用擦剂。本品不但适用黄褐斑的患者擦用，还可用于健康肌肤的护理和保健。使用时，可根据需要，每天两次或多次将此护肤祛斑液直接地擦于肌肤即可。

《产品特性》

本品治疗保健效果明显、见效快、无副作用，尤其是对黄褐斑的患者有明显的效果。

配方 11 解毒祛斑膏

《原料配比》

原料	配比（质量份）		
	1#	2#	3#
土茯苓汁	57	54	56
硬脂酸	4	4	4
十八醇	5	4	4
甘油	8	7	6
蓖麻油	8	7	6
次硝酸铋	4	5	5
三乙醇胺	4	5	5
羊毛脂	2	3	2
水杨酸	2	3	3
樟脑	3	4	4
白降汞	3	4	5

《制备方法》

（1）土茯苓汁按 10kg 解毒祛斑膏的膏体量放入比例成分，土茯苓不能少于800g，洗净后用蒸馏水或纯净水浸泡 1～3h，然后用微火煎制 1h，滤汁 5～7kg；

（2）将硬脂酸、十八醇、羊毛脂、水杨酸、樟脑按质量百分比比例放入容器，另取甘油、蓖麻油、三乙醇胺、土茯苓汁按质量百分比比例放入另一容器中，将两容器中的两相溶液分别加热至70～80℃时，趁热将两相溶液混合，并搅拌至乳化状态为止，该乳化状态的膏体冷却至30～40℃时，按比例要求加入次硝酸铋、白降汞并搅匀；

（3）再用胶体磨乳化一遍即成。

《产品应用》

本品是一种解毒祛斑膏，属于人体肌肤药用化妆品。使用方法：每天晚间洗脸后擦于面部。其作用是祛斑、除痘、祛皱纹。

《产品特性》

本品用土茯苓汁代替膏体里面的水，土茯苓的作用是专门解汞避免中毒，既让汞起到了祛斑作用，又不让身体健康受到损害。除解汞毒外，土茯苓的作用还有除湿、治疥癣、治痈肿，使用后能使皮肤光滑嫩白、祛斑祛皱，同时达到肌肤保健和药用的功效，是较理想的药用化妆品。它的生产工艺方法简单，制造成本低廉。

配方 12　抗过敏、祛斑除皱中草药化妆品

《原料配比》

原料		配比（质量份）
中草药药物提取液	川芎	30
	黄精	20
	熟地	20
	三七	10
	枸杞	10
	桃仁	5
	虫草	5
	乙醇	30
中草药药物粉末	黄芩	40
	十大功劳	30
	丹参	15
	白芷	15
中草药药物提取液		6
中草药药物粉末		1
化妆品基质		适量

◆制备方法▶

（1）取川芎、黄精、熟地、三七、枸杞、桃仁、虫草，并经洗涤、烘干、碾碎后装入反应容器中，再加入三倍量的60%（质量分数）的乙醇，经1h回流提取；然后加入30%（质量分数）的乙醇，再重复提取一次，将两次提取液合并，减压浓缩回收乙醇，最后用高速离心机分离沉淀即可获取上述中草药药物提取液。

（2）取黄芩、十大功劳、丹参、白芷，并经洗涤、烘干、粉碎、混匀即获取本品的中草药药物粉末。

配制本品的化妆品时，将上述所提取的中草药药物提取液与粉末按6：1的比例配制，并加入化妆品基质即可分别制成化妆霜剂、化妆乳剂、化妆面膜等系列化妆品。

◆产品应用▶

本品主要用作抗过敏、祛斑除皱化妆品。

◆产品特性▶

本品的中草药化妆品无毒副作用，使用时将它敷于脸部即能抗过敏，祛黄褐斑、雀斑，紧致皮肤，消除皱纹和治疗痤疮等各类损美性皮肤病，具有显著的综合性疗效，易于推广使用。

配方13　抗皱祛斑祛痘清除剂

◆原料配比▶

原料	配比（质量份）	
	1#	2#
海带粉	50～60	55
紫菜粉	6～8	7
蟾皮粉	10～15	13
麦麸	8～10	9
维生素 B_1 粉	3～5	4
维生素 B_2 粉	3～5	4
维生素 B_6 粉	3～5	4
维生素 C 粉	3～5	4

◆制备方法▶

将各组分混合均匀制得。其中海带粉、紫菜粉、蟾皮粉和麦麸为一组包在一起，维生素 B_1、维生素 B_2、维生素 B_6 粉与维生素 C 粉为一组，构成二合一粉剂。

《产品应用》

本品是一种抗皱祛斑祛痘清除剂（又称一洗净）。使用时，每 100g 二合一粉剂，其中先将海带粉、紫菜粉、蟾皮粉及麦麸倒入 100℃ 的 2000～3500mL 水中浸泡，当水温降至 50～60℃ 时，再加入维生素 B_1、维生素 B_2、维生素 B_6 粉与维生素 C 粉，充分溶解后用纱布浸药液敷在患处 20～30min，每天晚上敷用一次（趁热敷用，药液凉后不再敷用，一般在 25～60℃ 敷用）。

《产品特性》

本品使用方便，安全，效果好，费用低。

配方 14　灵芝祛斑防皱霜

《原料配比》

实例 1：富硒锗灵芝营养润肤霜

	原料	配比（质量份）
甲	液体石蜡	8.0
	医用白凡士林	12.0
	单硬脂酸甘油酯	10.0
	橄榄油	3.0
	羊毛脂	16.0
	蛇油	4.0
乙	富硒灵芝干燥菌丝体	1.0
	富锗灵芝干燥菌丝体	1.0
	三乙醇胺	0.3
	5%麦饭石纯化水	43.9
丙	香精	0.3
	扑尔敏	0.2
	防腐剂	0.3

实例 2：富硒锗抗皱护肤霜

	原料	配比（质量份）
甲	十八醇	2.0
	白蜂蜡	3.0
	硬脂酸	6.0

原料		配比（质量份）
甲	角鲨烷	10.0
	液体石蜡	16.0
	蛇油	2.0
	蜂胶	2.0
	羊毛脂	1.5
乙	富硒灵芝干燥菌丝体	1.0
	富锗灵芝干燥菌丝体	1.0
	纯化水	51.7
	麦饭石纳米粉	1.5
	电气石纳米粉	1.5
丙	对羟基苯甲酸甲酯	0.2
	茉莉香精	0.3
	扑尔敏	0.3

实例3：防皱霜

原料		配比（质量份）
甲	十八醇	2.5
	羊毛脂	2.0
	单硬脂酸甘油酯	0.8
	液体石蜡	13.0
	橄榄油	3.0
	蛇油	2.0
乙	富硒灵芝干燥菌丝体	1.0
	富锗灵芝干燥菌丝体	1.0
	纯化水	加至100
	麦饭石纳米粉	1.0
	电气石纳米粉	1.0
丙	布罗波尔（防腐剂）	0.01
	茉莉香精	0.5
	扑尔敏	0.2

实例 4：眼霜

	原料	配比（质量份）
甲	GC	4.0
	角鲨烷	5.0
	十八醇	2.0
	氮酮	1.5
	红没药醇	0.2
	辅酶 Q10	0.05
	对羟基苯甲酸丙酯	0.06
	肉豆蔻酸异丙酯	3.0
乙	1,3-丁二醇	4.0
	尿囊素	0.2
	对羟基苯甲酸甲酯	0.12
	5%麦饭石纯化水	加至 100
	NMF-50	3.0
	抗过敏剂 GD-2901	3.0
	卡波姆 2020	0.3
	电气石纳米粉	0.5
丙	CMG（防腐剂）	0.2
	丙二醇	4.0
	富硒灵芝干燥菌丝体	0.2
	富锗灵芝干燥菌丝体	2.0
	1%透明质酸溶液	10.0
	内皮素拮抗剂	0.02
丁	三乙醇胺（20%）	0.3
	香精	0.3
	杰马-115	0.3

实例 5：富硒锗灵芝抗皱霜

	原料	配比（质量份）
甲	Blobase S	4.0
	二甲基硅油	1.0
	角鲨烷	4.0

续表

原料		配比（质量份）
甲	对羟基苯甲酸丙酯	0.05
	辅酶 Q10	0.05
	维生素 E	1.5
	GC	2.0
	霍霍巴油	1.5
	二棕榈酸羟脯氨酸	1.0
	肉豆蔻酸异丙酯	3.0
	BHT	0.02
	氮酮	2.0
乙	1,3-丁二醇	4.0
	羟丙基纤维素	0.3
	NMF-50	3.0
	尿囊素	0.2
	抗过敏剂 GD-2901	3.0
	海藻寡糖	4.0
	对羟基苯甲酸甲酯	0.12
	5%麦饭石纯化水	加至100
丙	丙二醇	4.0
	CMG	0.2
	0.5%透明质酸溶液	8.0
	富硒灵芝干燥菌丝体	2.0
	电气石纳米微粉	1.0
	富锗灵芝干燥菌丝体	2.0
丁	杰马-115	0.3
	香精	0.2

实例 6：祛斑霜

原料		配比（质量份）
甲	GD-9022	1.6
	单硬脂酸甘油酯	1.0

原料		配比（质量份）
甲	十六-十八混合醇	2.0
	角鲨烷	5.0
	二甲基硅油	1.5
	氢化聚癸烯	5.0
	维甲酸酯	0.1
	维生素 E	1.0
	氮酮	2.0
	曲酸二棕榈酸酯	2.0
	维生素 C 双棕榈酸酯	1.0
	BHT	0.02
	红没药醇	0.2
	对羟基苯甲酸丙酯	0.06
乙	1,3-丁二醇	4.0
	尿囊素	0.3
	NMF-50	4.0
	海藻寡糖	0.12
	5％麦饭石纯化水	加至100
	EDTA-2Na	0.05
丙	乳化剂 343	1.5
	甘草黄酮	5.0
丁	丙二醇	3.0
	CMG	0.2
	维生素 PP	3.0
	0.5％透明质酸溶液	8.0
	富硒灵芝干燥菌丝体	3.0
	富锗灵芝干燥菌丝体	3.0
戊	杰马-115	0.3
	香精	0.3

实例 7：富硒锗 TiO₂ 祛斑霜

原料		配比（质量份）
甲	GD-9122	7.5
	角鲨烷	6.0
	二甲基硅油	1.5
	维生素 E	1.5
	氮酮	2.0
	曲酸二棕榈酸酯	2.0
	二氧化钛	0.5
	维生素 C 双棕榈酸酯	2.0
	蛇油	2.0
	对羟基苯甲酸丙酯	0.06
	BHT	0.02
乙	1,3-丁二醇	3.0
	NMF-50	3.0
	尿囊素	0.3
	麦饭石纳米粉	1.0
	纯化水	加至 100
	二氧化钛	1.0
	NMF-50	3.0
	SiO₂	1.0
	电气石纳米粉	1.0
	对羟基苯甲酸甲酯	0.12
	抗过敏剂 GD-2901	2.0
丙	甘草黄酮	4.0
丁	丙二醇	3.0
	富硒灵芝干燥菌丝体	2.0
	富锗灵芝干燥菌丝体	2.0
	CMG	0.2
	肝素	0.2
	纯化水	5.0
戊	杰马-115	0.3
	香精	0.3

《制备方法》

实例1：将甲组分和乙组分别加热至80℃，在搅拌情况下将乙组徐徐加入甲组中，使其乳化，继续搅拌，当温度降低至45℃时将丙组加入继续搅拌均匀，冷却至室温即得本品。

实例2：将甲组分和乙组分别加热至80℃，然后将乙组徐徐加入甲组中进行乳化，用真空均质乳化机乳化，当温度降低至45℃时加入丙组继续搅拌均匀，冷却至室温即得本品。

实例3：将甲组分和乙组分别加热至80℃，在此温度下将乙组徐徐加入甲组中，用真空均质乳化机乳化，当温度降低至45℃时加茉莉香精、防腐剂和扑尔敏继续搅拌均匀，冷却至室温即得本品。

实例4：先将丙组分混合、溶解、加热至40℃备用，将甲组分、乙组分别加热至80℃，将甲组分加入乙组分中，在均质乳化机中乳化3min后搅拌降温至45℃，加入丙组，加入20％三乙醇胺调整pH值至6，加入香精、杰马-115继续搅拌至35℃即得。

实例5：先将丙组分混合加热至40℃溶解备用，再取甲组分前7种组分混合加热至90℃，持续20min，降温至80℃，再加入肉豆蔻酸异丙酯、辅酶Q10、BHT、维生素E、氮酮；另取乙组分1,3-丁二醇、羟丙基纤维素投入80℃5％麦饭石纯化水中，分散后加入其他原料，加热灭菌80℃。待甲、乙两组分温度均相等为75℃时将甲组分加入乙组分中，在真空均质乳化机中均质乳化3min后搅拌降温至45℃，加入丙组药物溶解，加丁组继续搅拌至36℃即得。

实例6：先将丁组分混合均匀，加热至40℃备用。另取甲、乙组分分别加热灭菌至90℃，持续20min，等降至80℃时将甲组分在搅拌下慢慢加入乙组分中，用均质机均质3min后，搅拌降温至70℃时加入乳化剂343，60℃时加入甘草黄酮，降温至45℃时加入丁、戊组分，继续搅拌，降温至36℃即得，放置12h质检合格后分装。

实例7：先将肝素、CMG与丙二醇溶解后，加入纯化水及其他原料，混合均匀，加热至40℃备用。取甲、乙组分分别加热至80℃灭菌，甲、乙两组分温度相同时将甲组分缓缓加入乙组分中，均质3min后，降温至60℃时加入甘草黄酮，50℃加入丁、戊组分，继续搅拌，降温至36℃即得。

《产品应用》

本品是纳米负离子远红外富硒锗灵芝祛斑防皱霜。

《产品特性》

用麦饭石、电气石、富硒锗灵芝干燥菌丝体、纳米微粉配制的祛斑防皱霜，通过远红外作用，能使药效深入皮下组织3～5mm，升温发热，促进血管扩张，加速微循环和生理机能的同时还能不断释放微量元素，清洁皮肤细胞，并自发产生负离子，净化周围空气，增强皮肤细胞含氧量，促进新陈代谢调节，补充拮抗体内元素平衡，尤其增强了硒锗元素对人体的补充，增强了机体的免疫功能，防止皮肤老化和皱纹。

配方 15　祛斑除痘化妆品

《原料配比》

原料	配比（质量份）							
	1#	2#	3#	4#	5#	6#	7#	8#
大荾麻	30	30	120	50	30	30	60	40
大黄	10	15	50	20	25	15	3	8
白芷	20	10	20	10	20	10	10	10
载体	适量	适量	适量	适量	适量	适量	适量	适量

《制备方法》

将上述组合物提取有效成分后，将其附着在化妆品可接受的载体上即可。大荾麻最好为新鲜大荾麻，并采用以下方式进行前期处理：将新鲜大荾麻在 40～50℃的温度下烘烤 4～5h 制备成干大荾麻。

方法一：将干大荾麻、大黄、白芷粉碎成 100 目细粉，加 75%（质量分数）的乙醇浸泡 24h，取上清液，除去乙醇，浓缩得膏状提取物，敷面。

方法二：将新鲜大荾麻放在 50℃的温度下烘烤 4h 制备成干大荾麻，与大黄、白芷混合后粉碎成 100 目细粉，加水调成泥状，敷面。

方法三：将新鲜大荾麻放在 40℃的温度下烘烤 5h 制备成干大荾麻，与大黄、白芷混合后粉碎成 100 目细粉，加鸡蛋清 1 份、蜂蜜 5 份、珍珠粉 2 份，调匀做成面膜，敷面。

《产品应用》

本品是一种祛斑除痘护肤产品。

《产品特性》

（1）在本品组分中，大荾麻含有丰富的蛋白质、多种维生素、胡萝卜素、磷、镁、铁、锌、锰、硅、硫、钙、钠、钴、铜、甲酸、鞣酸和钛等，可以补充皮肤所需的营养物质。其中所含的甲酸，可延缓细胞衰老，使细胞保持活力和富有弹性；所含的鞣酸，可增强皮肤的柔润和光泽；所含的多种维生素，对促进皮肤新陈代谢有重要的作用。

（2）将新鲜大荾麻放在 40～50℃的烤房中烘烤 4～5h 后，可除去大荾麻中对人体有刺激的成分，同时不影响原有的性能和功效。

（3）白芷除了具有解热、镇痛、抗炎等作用，还能改善局部血液循环，消除色素在组织中过度堆积，促进皮肤细胞新陈代谢。大黄具有清热泻火、凉血解毒的功效。

（4）使用本品所述配方制成的化妆品，不仅能促进皮肤细胞新陈代谢，使皮肤润滑有光泽，而且对治疗黄褐斑、蝴蝶斑、痤疮具有明显的效果。

配方 16　祛斑化妆品

《原料配比》

原料		配比（质量份）	
		1#	2#
中药粉末	瓦楞子	20	30
	花蕊石	20	30
	大黄	10	15
	桃仁	15	20
	三七	15	20
	制乳香	10	15
	白芷	40	50
	白附子	15	20
	轻粉	15	20
	羌活	5	10
	当归	15	20
	防风	5	10
祛斑化妆品	白凡士林基质或化妆品霜剂或水包油基质	500	500
	上述药末	200	200

《制备方法》

（1）选料，所选用的中草药应符合《中华人民共和国药典》规定；

（2）将选购的中草药进行精选并除去杂质杂物；

（3）将选好的中草药研为细末，过筛，备用；

（4）将白凡士林基质或化妆品霜剂或水包油基质 500g 放入锅内高温熔化，放入上述药末 200g 搅拌冷却，待基质冷凝时，搅拌药与基质，使其混合均匀即可装瓶使用。

《产品应用》

本品是一种祛斑化妆品。

《产品特性》

本品的优点是能够扩张血管，改善血液循环状况，促进色素代谢作用，使色斑自然淡去，不反弹，祛斑速度快，使用后 3～5 天色斑变淡，15～25 天色斑完全消失。擦到皮肤上不腐蚀皮肤，无灼感。

配方 17 祛斑防皱霜

《原料配比》

原料		配比（质量份）
中药膏	藏红花	10
	血竭	10
	白芷	10
	白及	10
	白附子	10
	当归	10
	枸杞	10
	川芎	10
	穿山甲	10
	地骨皮	10
	赭石	10
	百部	10
	鸡冠花	10
	凌霄花	10
	玫瑰花	10
	金银花	10
	槐花	10
	人参	10
	黄芪	10
	水	适量
西药膏	维生素 E	2
	维生素 B_6	2
	氢醌	4～10
	甲硝唑	4

原料		配比（质量份）
西药膏	赛庚啶	4
	甘油	20
	基质	58～64
祛斑防皱霜	中药膏	100
	西药膏	100
	抗氧化剂	适量
	防腐剂	适量
	香料	适量

《制备方法》

（1）将上述中药配方药物按常规方法煎制成汁，浓缩成膏状；

（2）将上述西药配方药物制成粉状，并和甘油、基质混合，调成膏状；

（3）再将上述中药膏和西药膏各取等量混合，加适量抗氧化剂、防腐剂、香料调和即成。使用本品时应避开眉毛和头发，每日早晚各一次，涂于面部即可。

《产品应用》

本品是一种祛斑美容化妆品。

《产品特性》

本品祛斑效果好，同时具备防皱、增白、保湿、营养皮肤的护肤功效。

配方 18 祛斑防皱制剂

《原料配比》

原料	配比（质量份）					
	1#	2#	3#	4#	5#	6#
白酒	10	8	12	10	8	12
三七	475	450	500	475	450	500
冰片	475	450	500	475	450	500
白芷	375	350	400	375	350	400
五倍子	275	250	300	275	250	300
红花	47	40	50	47	40	50
白菊花	90	80	100	90	80	100

续表

原料	配比（质量份）					
	1#	2#	3#	4#	5#	6#
枸杞	325	300	350	325	300	350
人参	90	80	100	90	80	100
丹参	375	350	400	375	350	400
党参	275	250	300	275	250	300
蜂蜜	—	—	—	375	300	400

❮制备方法❯

按照上述质量比取白酒备用，将三七、冰片、白芷、五倍子、红花、白菊花、枸杞、人参、丹参、党参粉碎成粉末状，混合均匀后与蜂蜜一并置入白酒中，搅拌均匀，温度保持在20℃以上，每三四天搅拌一次，30~35天制成本品中药液体制剂。

❮产品应用❯

本品是一种以中药原料为主的祛斑防皱制剂。

❮产品特性❯

本品制剂是以中药为主要原料的外用品，各药组合按照本品所述方法制作，对皮肤无刺激及不良反应。

配方 19　祛斑功能化妆品

❮原料配比❯

原料		配比（质量份）		
		美白乳液	祛斑霜	祛斑膏
A相	维生素E衍生物	1.0	1.0	—
	丙三醇	10.0	10.0	—
	丙二醇	—	—	5.0
	交联枯草杆菌蛋白酶	2.0	5.0	8.0
	胶原蛋白	—	—	0.5
	透明质酸	0.5	—	—
	分散胶	0.5	—	2.0
	葡萄糖保湿剂	—	0.5	0.5

原料		配比（质量份）		
		美白乳液	祛斑霜	祛斑膏
A 相	卡波胶	—	0.5	—
B 相	硬脂酸甘油酯	2.0	2.0	—
	甘油三酯	—	6.5	—
	十六-十八混合醇	10.0	—	—
	乳化蜡	—	—	5.0
	开心果油	—	—	3.0
	植物油	3.0	3.0	3.0
	合成角鲨烷	—	—	5.0
	硬脂酸	—	1.0	—
	硅油	2.0	2.0	1.0
	维生素 A 棕榈酸酯	1.0	—	—
	多重乳化剂	3.0	3.0	—
防腐剂		适量	适量	适量
香精		适量	适量	适量
去离子水		加至 100	加至 100	加至 100

◀制备方法▶

（1）将 A 相与适量去离子水在 75～80℃混合均匀，此为液体 A。

（2）将 B 相在 75～80℃混合均匀，此为液体 B。

（3）将液体 A 和液体 B 混合均质乳化搅拌，并冷却到 40～45℃，加入适量香精、防腐剂继续搅拌均匀，装入已灭菌消毒的瓶中，封口即可。

◀产品应用▶

本品是以交联枯草杆菌蛋白酶为组分的祛斑功能化妆品。

◀产品特性▶

本品在阻止原有皱纹继续扩大的同时，还能阻止新皱纹的产生。同时，它还能加速化妆品中其他有效养分的活性吸收，加速肌肤代谢，起到快速淡化斑点的作用。

配方 20 祛斑护肤化妆品

原料	配比（质量份）					
	1#	2#	3#	4#	5#	6#
黄芪	20	5	10	15	30	35
丹参	6	12	8	15	5	10
陈皮	5	13	20	8	3	17
甘草	5	8	15	2	18	10
化妆品基质	适量	适量	适量	适量	适量	适量

◀制备方法▶

（1）按照用量分别称取各原料药；

（2）将黄芪、甘草混合，并于水中浸泡 0.5～2h，黄芪和甘草的总量与水的质量体积比为（0.5～1）:（10～30），加热至 80～100℃，保温 0.5～1.5h；

（3）将陈皮、丹参混合，并于水中浸泡 2～4h，陈皮和丹参的总量与水的质量体积比为（0.5～1）:（15～40），加热至 100℃，保温 20min～1h；

（4）将所述步骤（2）和（3）分别进行粗过滤，并将滤液合并；

（5）将步骤（4）的过滤液冷却至 30～50℃，进行真空抽滤，取过滤液，得到活性提取物；

（6）将活性提取物与化妆品基质混合，可以制成各种剂型的祛斑护肤品，如祛斑霜、祛斑啫喱、祛斑乳、祛斑水、护手霜等。制备方法为常规方法。

其中所述步骤（4）中粗过滤是用 200～300 目纱网过滤的。其中所述步骤（5）中真空抽滤采用板框过滤，真空度为 0.05～0.1MPa，滤板细度为 1～5μm。采用所述制备方法可以较好地提取出原料药中的活性成分。

◀产品应用▶

本品是一种用中草药组合物制备的具有祛斑功效的护肤化妆品。使用本护肤组合物涂于色斑处，可以在较短的时间内使皮肤变白，色斑消退。

◀产品特性▶

本品的护肤组合物是以中药为主要原料的外用制剂，各药组合按照本品所述方法制备，对皮肤无刺激及不良反应。

配方21 祛斑护肤品

《原料配比》

原料	配比（质量份）	
	1#	2#
甘油	10	10
硬脂酸	5.5	5.5
硬脂酸甘油酯	4	4
矿油（又称二甲基硅油）	2	2
维生素E	2	2
熊果苷	1.5	1.5
当归根提取物	1.5	1.2
白术根提取物	1.5	1.2
白及根提取物	1	1.2
薰衣草精油	1.2	1.2
鲸蜡醇	1	1
三乙醇胺	0.8	0.8
羟苯乙酯	0.15	0.15
水	加至100	加至100

《制备方法》

(1) 将水、甘油加入熔融罐，加热至85～95℃，过滤转入真空均质乳化罐内；

(2) 将硬脂酸、硬脂酸甘油酯、矿油、维生素E、鲸蜡醇、防腐剂（羟苯乙酯）加入另一熔融罐，加热至85～95℃，过滤转入步骤（1）所述真空均质乳化罐内；

(3) 真空均质乳化罐内原料，85～95℃保温搅拌15～25min后，冷却搅拌至室温，加入三乙醇胺、熊果苷，当归根、白术根、白及根的提取物，薰衣草精油，搅拌均匀，经检验合格后出料，得所述祛斑护肤品。

《产品应用》

本品是一种祛斑护肤品。

《产品特性》

本品所述祛斑护肤品含有多种美白祛斑及修复活性成分，可有效抑制酪氨酸酶活性，从而全面抑制黑色素形成，并能加速新陈代谢，修复受损肌肤，对皮肤进行全面养护，提高皮肤细胞的代谢功能，祛斑效果好、见效快。

四 发用化妆品

配方 1 包含桧木芬多精的洗发乳

原料	配比（质量份）	
	1#	2#
桧木芬多精	30	30
月桂醇聚醚硫酸酯钠	10	10
月桂基硫酸酯钠	10	10
EDTA-2Na	0.1	0.1
瓜尔胶羟丙基三甲基氯化铵	0.6	0.5
聚季铵盐	0.6	0.5
乙二醇二硬脂酸酯	1	1
椰油酰胺单乙醇酰胺	1	1
氯化钠	0.1	0.1
甲基葡糖醇聚醚	1	1

原料	配比（质量份）	
	1#	2#
椰油酰胺丙基甜菜碱	5	5
二硬脂酸酯	0.1	0.1
无水柠檬酸	0.1	0.1
桧木精油	10	10
中药（含女贞子、桑椹子、蔓荆子）浸膏	1	5
乙内酰脲	0.1	0.5
蒸馏水	适量	适量

《制备方法》

(1) 将桧木芬多精、月桂醇聚醚硫酸酯钠、月桂基硫酸酯钠、EDTA-2Na 投入料锅，不断搅拌，缓慢加热至 70～90℃，保温 10～30min；

(2) 将瓜尔胶羟丙基三甲基氯化铵、聚季铵盐先以冷水分散，缓慢投入上述料锅中，不断搅拌，保持 70～90℃，保温 10～30min；

(3) 保持温度不变，将乙二醇二硬脂酸酯、椰油酰胺单乙醇酰胺、氯化钠、甲基葡糖醇聚醚、椰油酰胺丙基甜菜碱、二硬脂酸酯、无水柠檬酸投入料锅，不断搅拌 10～30min；

(4) 将混合液缓慢冷却至 30～50℃，再将桧木精油、中药（含女贞子、桑椹子、蔓荆子）浸膏、乙内酰脲投入料锅，适量补充蒸馏水，不断搅拌 10～30min；

(5) 逐渐降低搅拌速度，慢速搅拌 20～40min；

(6) 逐渐冷却至室温；

(7) 取样检查外观、香味、pH 值，合格即为成品。

《原料介绍》

所述桧木芬多精和桧木精油，是由多年生桧木的根茎经过蒸馏抽取及多次分离提纯所得。桧木芬多精为无色透明的水相液。桧木精油为纯净的淡黄色精油。

《产品应用》

本品主要是一种含有桧木芬多精，具有抑菌、止痒、祛屑、乌发和防脱发效果的洗发乳。

《产品特性》

(1) 本品的洗发乳含有特殊天然成分桧木芬多精，除了去污能力强，还有抑菌、止痒、祛屑、乌发和防脱发的功能。

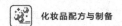
（2）本品的大部分成分为植物纯天然产物，对人体没有毒副作用，且不产生依赖性。

（3）本品气味芬芳，具有一定的安神以及舒缓情绪的效果。

配方2　定型护发水

‹原料配比›

原料	配比（质量份）		
	1#	2#	3#
沙枣树胶	0.5	1	2
阿拉伯树胶	5	8	10
甘油	3	6	8
丙二醇	4	6	8
羟甲基丙烯酰胺	4	5	6
异噻唑啉酮	0.1	0.2	0.3
吐温-20	0.6	0.7	0.8
香精	0.2	0.4	0.6
去离子水	加至100	加至100	加至100

‹制备方法›

将沙枣树胶、阿拉伯树胶、甘油、丙二醇、羟甲基丙烯酰胺、异噻唑啉酮、吐温-20、香精、去离子水按上述质量百分比混合均匀即可。

‹产品应用›

本品是一种定型护发水。

‹产品特性›

（1）本品制备工艺简单，性能优良，定型自然，用后头发弹性适中，翻梳造型容易，不粘手和灰尘，不干燥，不起白屑。

（2）本品在固定发型的同时，还具有营养、柔软、滋润头发的作用，可使头发健康生长、色泽黑亮。

配方 3　啫喱水

‹ 原料配比 ›

原料		配比（质量份）			
		1#	2#	3#	4#
增溶剂	氢化蓖麻油	1.2	0.5	2	0.8
成膜剂		3	3	12	8
调理剂	阳离子瓜尔胶	5	—	—	4
	阳离子纤维素	—	1	—	—
	聚二甲基硅氧烷	—	—	5	—
保湿剂	丙二醇	8	—	—	—
	麦芽糖醇	—	2	—	—
	甘油	—	—	8	—
	山梨醇	—	—	—	5
添加剂	芦荟提取液	1	0.2	1	1
	胶原蛋白	0.5	—	1	—
	维生素原 B_5	0.5	—	—	0.5
赋香剂	花香型香精	0.4	0.1	—	0.2
	木香型香精	—	—	0.4	—
防腐剂	1,3-二羟甲基-5,5-二甲基海因	—	—	—	0.6
	尼泊金甲酯	0.8	—	—	—
	尼泊金丙酯	—	0.2	—	—
	苯氧乙醇	—	—	0.8	—
去离子水		79.6	93	83.6	79.9

‹ 制备方法 ›

（1）将去离子水吸入反应釜中；

（2）开启搅拌，将增溶剂加入反应釜中；

（3）搅拌 10～15min，将成膜剂加入反应釜中；

（4）搅拌 10～15min，依次将调理剂、保湿剂、添加剂、赋香剂、防腐剂加入反应釜中；

（5）搅拌 10～15min，停机，取样检测分析，检验合格，定量包装。

‹ 产品应用 ›

本品是一种美发产品，是一种啫喱水。

‹ 产品特性 ›

（1）本配方采用成膜剂，配以保湿剂及调理剂，大大地改善了头发定型的效果。

（2）硬疏水部分及软亲水部分，使用后手感自然、富有弹性，不易被破坏，持久性好。

（3）柔软的亲水部分，使头发在干燥的状态下也保持柔软，不易产生白屑。

（4）在低湿度的状况下，也能保持弹力，耐湿性好，不粘手。

（5）所使用的成膜剂与毛发有非常相似的构造，亲和性好。

（6）优良的抗静电性能，头发不易蓬松和沾尘。

（7）使用气压泵喷头，有很好的喷雾效果。

配方4 鳄鱼油生发乳

‹ 原料配比 ›

原料	配比（质量份）				
	1#	2#	3#	4#	5#
当归	10	10	10	9	8
桑椹子	15	15	15	15	13
红花	10	10	10	10	12
生姜	20	20	20	20	19
鳄鱼油	45	25	15	15	15
侧柏叶	—	20	20	20	20
墨旱莲	—	—	10	11	13

‹ 制备方法 ›

（1）按质量称取当归、桑椹子和红花、侧柏叶、墨旱莲，净制、切片、炮制后备用；

（2）按质量称取生姜，用榨汁机粉碎后，通过2～6层纱布过滤，收集生姜汁，备用；

（3）将步骤（1）炮制好的原料通过超临界二氧化碳萃取仪进行萃取，收集萃取物；

（4）将步骤（3）的萃取物通过分子蒸馏器进行分子蒸馏，收集馏出液和残液，将收集的残液再次进行分子蒸馏，再次收集馏出液，合并两次的馏出液；

（5）将步骤（4）的馏出液静置 24h 后，过滤，收集澄清液，将澄清液再静置 24h 后，过滤，收集澄清液，备用；

（6）将步骤（2）的生姜汁和步骤（5）收集的澄清液充分混匀，获得混合液，备用；

（7）按质量称取鳄鱼油，将鳄鱼油和步骤（6）获得的混合液通过真空均质乳化机进行乳化，制成乳液，分装后进行钴 60 辐照，即制成鳄鱼油生发乳。

《产品应用》

本品是一种鳄鱼油生发乳。

《产品特性》

本品所述鳄鱼油生发乳充分利用了鳄鱼油的生物活性和独特的保健功效，配以纯天然中草药物，可温经通络、活血化瘀、养血补气、修复毛囊，具有促进毛发再生和防止毛发脱落、抑制头皮痒的功效。本生发乳具有有效作用时间长、无人工合成的化学物质、无毒副作用、适应面广、保护毛发和毛发再生效果好的特点。

配方5　发乳

《原料配比》

原料	配比（质量份）		
	1#	2#	3#
白油	40	45	50
单硬脂酸甘油酯	3	5	6
十六醇	4	6	8
聚氧乙烯山梨醇单硬脂酸酯	1	2	3
凡士林	5	6	8
十二烷基硫酸钠	0.3	0.4	0.6
对羟基苯甲酸乙酯	0.1	0.2	0.3
15%蜂胶乙醇溶液	2	4	5
香精	0.3	0.6	0.8
蒸馏水	35	40	45

《制备方法》

（1）15%蜂胶乙醇溶液（质量分数）的制备：将蜂胶与乙醇按质量份1.5：8.5的比例，将蜂胶溶于乙醇中，摇晃至全溶即成；

（2）按配方量将白油、单硬脂酸甘油酯、十六醇、聚氧乙烯山梨醇单硬脂酸酯、凡士林、对羟基苯甲酸乙酯混合后加热至 85～90℃，使其熔化，搅拌均匀；

（3）将十二烷基硫酸钠溶于蒸馏水中，加热至 85～90℃，搅拌使其溶解；

（4）将步骤（2）及步骤（3）中制得的两种混合物混合，搅拌并冷却至 45～50℃，加入 15％蜂胶乙醇溶液，继续搅拌混合；

（5）将步骤（4）所得的混合物冷却至 35～40℃后加入香精，搅拌混合后即得成品。

《产品应用》

本品是一种发乳。

《产品特性》

（1）本品可以使头发柔软、润滑和亮泽，还可使头发容易梳理；

（2）本品可使头发保持亮泽持久，无油腻感觉；

（3）本品有一定的药理作用，可防止脱发或毛发脆断。

配方6　发用保湿定型啫喱膏

《原料配比》

原料		配比（质量份）			
		1#	2#	3#	4#
增稠悬浮剂	卡波 U21	0.3	—	0.2	—
	卡波 U20	—	0.5	0.2	0.3
	卡波 U940	—	—	—	0.1
中和剂	AMP-95	调 pH 值至 6.2～7.0	调 pH 值至 6.2～7.0	调 pH 值至 6.2～7.0	调 pH 值至 6.2～7.0
高分子定型剂	W-735	—	2.0	—	—
	聚乙烯吡咯烷酮 K30	—	—	2.0	—
	聚乙烯吡咯烷酮 K90	4.0	—	—	4.0
	Z-651	2.0	5.0	4.0	1.0
保湿剂	甘油	2.0	1.0	3.0	2.0
	丙二醇	4.0	5.0	2.0	4.0
水溶性硅油	Silsoft-895	—	2.0	3.0	—
	DC193	2.0	—	—	3.0
防腐剂		0.1	0.1	0.1	0.1
香精		0.5	0.5	0.5	0.5
去离子水		加至 100	加至 100	加至 100	加至 100

《制备方法》

（1）将增稠悬浮剂缓慢均匀地撒入适量的去离子水中，待其充分润湿溶胀后，慢慢搅拌，滴加中和剂至体系 pH 值在 6.2～7.0。

（2）将高分子定型剂加到剩下的水中，充分搅拌分散，一次性加入保湿剂、水溶性硅油、防腐剂、香精（预溶入吐温-20 中），充分搅拌至均一。

（3）将步骤（2）物料加到步骤（1）物料，充分搅拌后装罐即可。

《产品应用》

本品是一种发用保湿定型啫喱膏。

《产品特性》

本品啫喱膏具有极佳的触变性、适宜的涂抹感，轻松定型，长久保湿，而且可以通过简单的配方调整，可适应多变的市场需求。

配方7　发用定型化妆品

《原料配比》

原料	配比（质量份）	
	1#	2#
PQ-11	0.8	—
丙三醇	6.0	6.0
100-P	—	4.0
755N	—	0.5
三乙醇胺	—	2.0
天然蛋白丝肽粉	0.3	0.4
水溶性硅油	4.0	6.0
吉美姆-11	0.3	0.25
吐温	0.6	0.6
D-泛醇	0.3	0.3
天然保湿因子-100（NMF）	0.5	0.5
香精	0.2	0.2
去离子水	87.0	79.25

《制备方法》

将乙烯基吡咯烷酮（PQ-11）、丙烯酸酯共聚物（100-P）、二甲基异丁烯酸乙酯的季胺共聚物（755N）、三乙醇胺、丙三醇、天然蛋白丝肽粉、水溶性硅油、防腐抗氧化剂吉美姆-11、吐温、D-泛醇、天然保湿因子-100（NMF）、适量香精，以及余量的去离子水按质量百分比混合均匀，经过乳化及老化静置后制得一种透明液体。

《产品应用》

本品是一种发用定型化妆品。采用常规泵式喷嘴施用到使用者头发上后可得到加倍的定型效果。

《产品特性》

（1）本品的组合物采用的是纯水基配制，绝对不含乙醇，使制成的发用化妆品品质趋于温和，对发质不构成伤害，能达到加倍美发、护发的功能。

（2）采用本品组合物制成的发用化妆品具有新颖的外观形式，它既不是传统的发胶，也不是摩丝，也有别于凝胶类。其是一种具有一定黏度的透明液体，采用常规的泵式喷头即可获得较好的雾化效果，这一点与凝胶类发用化妆品相比具有优势，因为后者对于手动喷头有一定的限制。

（3）本品的组合物不含抛射剂，具有极少的有机挥发成分，安全性极高，无污染。

（4）本品采用了最新的成膜剂和调理剂，同时针对发质结构性能以及头发生长、新陈代谢的特性，配以丰富的营养成分和微量元素，所以制成的发用化妆品同时具有护发、修复、美发和定型的效果。

配方 8　发用定型剂

《原料配比》

实例 1：制备 N-(二乙三胺基)甲基丙烯酰胺

原料	配比（摩尔比）1#
甲基丙烯酸	1
二乙三胺	1.2
正己烷	1
氯化亚砜	1
乙醇	95

实例 2：制备甲基乙烯基吡咯烷酮/N-(二乙三胺基)甲基丙烯酰胺共聚物

原料	配比（摩尔比）		
	2#	3#	4#
甲基乙烯基吡咯烷酮	1	1	1

原料	配比（摩尔比）		
	2#	3#	4#
N-（二乙三胺基）甲基丙烯酰胺	0.3	0.4	0.5
偶氮二异丁腈（引发剂）	2	—	—
过氧化氢（引发剂）	—	2	2

实例 3：制备聚甲基乙烯基吡咯烷酮/N-（二乙三胺基）甲基丙烯酰胺盐酸盐

原料	配比（质量份）		
	5#	6#	7#
2#制备的甲基乙烯基吡咯烷酮/N-（二乙三胺基）甲基丙烯酰胺共聚物	1		
3#制备的甲基乙烯基吡咯烷酮/N-（二乙三胺基）甲基丙烯酰胺共聚物		1	
4#制备的甲基乙烯基吡咯烷酮/N-（二乙三胺基）甲基丙烯酰胺共聚物			1
盐酸	0.5	1.5	2.5

实例 4：制备啫喱水

原料		配比（质量份）		
		8#	9#	10#
发用定型剂	2#制备的甲基乙烯基吡咯烷酮/N-（二乙三胺基）甲基丙烯酰胺共聚物	5	—	—
	5#制备的聚甲基乙烯基吡咯烷酮/N-（二乙三胺基）甲基丙烯酰胺盐酸盐	—	15	—
	6#制备的聚甲基乙烯基吡咯烷酮/N-（二乙三胺基）甲基丙烯酰胺盐酸盐	—	—	10
三乙醇胺		0.1	0.05	0.15
表面活性剂	月桂基葡糖苷	0.5	—	—
	月桂醇聚醚-9	—	1.2	—
	壬基酚聚醚-10	—	—	2
	月桂醇聚醚硫酸钠	—	0.8	—
	氢化蓖麻油	0.5	—	—

原料	配比（质量份）		
	8#	9#	10#
乙醇	0.4	5	8
香精	0.05	0.1	—
甲基异噻唑啉酮	10	—	—
甲基氯异噻唑啉酮	—	0.07	—
纯水 去离子水	83.45	—	—
纯水 蒸馏水	—	77.78	79.85

实例5：制备发胶

原料	配比（质量份）		
	11#	12#	13#
发用定型剂 3#制备的甲基乙烯基吡咯烷酮/N-（二乙三胺基）甲基丙烯酰胺共聚物	5	—	—
发用定型剂 7#制备的聚甲基乙烯基吡咯烷酮/N-（二乙三胺基）甲基丙烯酰胺盐酸盐	—	15	—
发用定型剂 5#制备的聚甲基乙烯基吡咯烷酮/N-（二乙三胺基）甲基丙烯酰胺盐酸盐	—	—	10
乙醇	95	85	90
香精（占乙醇质量的）	1	0.8	

实例6：制备摩丝

原料	配比（质量份）		
	14#	15#	16#
发用定型剂 4#制备的甲基乙烯基吡咯烷酮/N-（二乙三胺基）甲基丙烯酰胺共聚物	10	—	—
发用定型剂 6#制备的聚甲基乙烯基吡咯烷酮/N-（二乙三胺基）甲基丙烯酰胺盐酸盐	—	20	—
发用定型剂 7#制备的聚甲基乙烯基吡咯烷酮/N-（二乙三胺基）甲基丙烯酰胺盐酸盐	—	—	14
三乙醇胺	1	0.5	1.5

原料		配比（质量份）		
		14#	15#	16#
表面活性剂	月桂基葡糖苷	1	—	—
	月桂醇聚醚-9	1	—	—
	壬基酚聚醚-10	—	0.6	—
	月桂醇聚醚硫酸钠	—	—	1
	氢化蓖麻油	—	0.4	—
乙醇				
香精		0.4	0.1	0.8
甲基异噻唑啉酮		0.05		0.1
甲基氯异噻唑啉酮		—	0.07	—
纯水		86.55	78.33	82.6

◀制备方法▶

实例1：

（1）原料及其配比　甲基丙烯酸与二乙三胺的摩尔比为1：1.2，正己烷与甲基丙烯酸的摩尔比为1：1。

（2）聚合反应及反应产物的收集与处理　将甲基丙烯酸放入反应容器，然后加入正己烷，在搅拌下通入氯化亚砜，氯化亚砜气体流量控制在$1cm^3/s$，反应温度控制在40℃，反应时间为6h，反应结束后，将反应液转入滴液漏斗中待用。

将二乙三胺放入反应容器并在常压下加热至60℃，然后在搅拌下滴入上述反应液，控制反应温度在60℃，所述反应液滴加完毕后继续反应1h，反应结束后，减压蒸馏除去正己烷，得到N-（二乙三胺基）甲基丙烯酰胺粗品，然后用95％（质量分数）的乙醇重结晶，得到N-（二乙三胺基）甲基丙烯酰胺，收率85％。

实例2：

（1）原料及其配比　甲基乙烯基吡咯烷酮与N-（二乙三胺基）甲基丙烯酰胺的摩尔比为1：（0.3～0.5），引发剂为甲基乙烯基吡咯烷酮质量的2％，所述引发剂为偶氮二异丁腈或过氧化氢；

（2）聚合反应及反应产物的收集与处理　将甲基乙烯基吡咯烷酮用溶剂配制成甲基乙烯基吡咯烷酮溶液，溶剂的量以甲基乙烯基吡咯烷酮能完全溶解为限；将N-（二乙三胺基）甲基丙烯酰胺用溶剂配制成N-（二乙三胺基）甲基丙烯酰胺溶液，溶剂的量以N-（二乙三胺基）甲基丙烯酰胺能完全溶解为限；在氮气保护和搅拌下于室温将引发剂加入甲基乙烯基吡咯烷酮溶液并搅拌均匀，然后在氮气保护和搅拌下于 30～60℃将 N-（二乙三胺基）甲基丙烯酰胺溶液滴入含引发剂的甲基乙烯基吡咯烷酮溶液中；N-（二乙三胺基）甲基丙烯酰胺溶液滴加完后，继续反应 3～6h，反应结束后，减压蒸馏除去溶剂得到反应产物；将反应产物用正己烷洗涤除去未反应完的原料，即获得甲基乙烯基吡咯烷酮/N-（二乙三胺基）甲基丙烯酰胺共聚物。

所述溶剂为正己烷或乙醇。所述甲基乙烯基吡咯烷酮可通过市场购买，所述 N-（二乙三胺基）甲基丙烯酰胺既可以通过市场购买，也可以自行制备。

实例 3：聚甲基乙烯基吡咯烷酮/N-（二乙三胺基）甲基丙烯酰胺盐酸盐是将上述甲基乙烯基吡咯烷酮/N-（二乙三胺基）甲基丙烯酰胺共聚物用盐酸调整得到，调整方法如下：甲基乙烯基吡咯烷酮/N-（二乙三胺基）甲基丙烯酰胺共聚物与盐酸的摩尔比为 1∶（0.5～2.5），在室温、常压下将甲基乙烯基吡咯烷酮/N-（二乙三胺基）甲基丙烯酰胺共聚物放入反应容器中，然后加入盐酸，搅拌 15～30min，即形成聚甲基乙烯基吡咯烷酮/N-（二乙三胺基）甲基丙烯酰胺盐酸盐。

实例 4：

（1）备料　发用定型剂、三乙醇胺、表面活性剂、乙醇、纯水、防腐剂和香精。

（2）将纯水加到配料锅中，然后在搅拌下于室温、常压下加入乙醇、表面活性剂、三乙醇胺、发用定型剂和防腐剂，混合均匀后，将香精用乙醇溶解后加入配料锅中，继续搅拌至少 1h，然后用 300 目滤网过滤出料装瓶。

实例 5：

（1）备料　发用定型剂、乙醇、香精。

（2）将发用定型剂和乙醇加入配料锅中，在室温、常压下搅拌至溶解，然后加入香精，再继续搅拌至少 30min 即可装瓶。

实例 6：

（1）备料　发用定型剂、三乙醇胺、表面活性剂、纯水、防腐剂及香精。

（2）将纯水加入配料锅中，然后在搅拌下于室温、常压加入发用定型剂、三乙醇胺、表面活性剂、香精和防腐剂，搅拌至少 2h 后装瓶。

《产品应用》

本品属于美发用品，为用于头发定型的定型剂。

《产品特性》

（1）本品所述发用定型剂及其定型产品能保持头发自然弯曲，具有光泽并对头发有一定调理作用，特别是对长发有较明显的调理作用；

（2）使用本品对头发定型，不仅定型时间较长，还使头发硬度适中，而且易于被洗发香波清洗。

配方9　发用角蛋白定型剂

◄ 原料配比 ►

实例1：啫喱水

原料		配比（质量份）			
		1#	2#	3#	4#
发用角蛋白定型剂		5	8	12	15
三乙醇胺		0.1	0.05	0.15	0.1
表面活性剂	月桂醇聚醚-9	1	—	—	1.5
	壬基酚聚醚-10	—	—	1	—
	氢化蓖麻油	1	0.5	—	—
	月桂基葡糖苷	—	0.5	—	—
	月桂醇聚醚硫酸钠	—	—	0.8	—
乙醇		10	5	8	10
香精		0.4	—	0.8	0.3
乙烯基吡咯烷酮/乙酸乙烯酯共聚物	甲基氯异噻唑啉酮	0.05	—	0.1	—
	甲基异噻唑啉酮	—	—	—	0.07
纯水	去离子水	82.45	—	77.15	—
	蒸馏水	—	85.95	—	73.03

实例2：发胶

原料	配比（质量份）			
	1#	2#	3#	4#
发用角蛋白定型剂	5	7	11	15
乙醇	95	93	89	85
香精	适量	适量	适量	—

实例3：摩丝

原料	配比（质量份）			
	1#	2#	3#	4#
发用角蛋白定型剂	10	15	16	20

原料		配比（质量份）			
		1#	2#	3#	4#
三乙醇胺		1	0.5	1.5	1
表面活性剂	月桂醇聚醚-9	—	0.5	—	—
	壬基酚聚醚-10	—	0.5	—	1
	月桂基葡糖苷	1		0.5	
	月桂醇聚醚硫酸钠	1			
	氢化蓖麻油	—		1.5	
香精		0.4	0.1	0.6	
乙烯基吡咯烷酮/乙酸乙烯酯共聚物	甲基氯异噻唑啉酮	0.05		0.06	
	甲基异噻唑啉酮	—	0.07		
纯水	去离子水		83.33	—	78
	蒸馏水	86.55	—		

《制备方法》

（1）将人头发（或羊毛）清洗干净后粉碎，用 pH 值为 11、浓度 0.5mol/L 的巯基乙酸钠溶液（氢氧化钠调节 pH）在常压、室温（20～30℃）预处理 3h，然后向溶液中加入尿素，尿素的加入量为在溶液中的浓度达到 7mol/L，然后在常压、室温（20～30℃）进行还原反应 25h，反应结束后，滴入乙酸调节反应液的 pH 值至 6～8，接着向溶液通入氧气，在室温（20～30℃）反应 0.5h，反应结束后，常压过滤，将滤液用截留分子量 20000～80000Da 的渗析袋进行渗析，离心分离得到分子量为 60000～150000Da 的角蛋白溶液初品，将角蛋白溶液初品进行盐析得到角蛋白固体，在真空（5～10mmHg 柱）室温条件下干燥 6h，即获分子量为 60000～150000 的角蛋白，收率 42%。

（2）发用角蛋白定型剂的制备　角蛋白与乙烯基吡咯烷酮/乙酸乙烯酯共聚物的质量比为（0.2～3）:1，在室温、常压下将所述角蛋白与乙烯基吡咯烷酮/乙酸乙烯酯共聚物混合均匀，即形成发用角蛋白定型剂。

实例 1：将纯水加入配料锅中，然后在搅拌下于室温、常压加入乙醇、表面活性剂、三乙醇胺、发用角蛋白定型剂和防腐剂，混合均匀后，将香精用乙醇溶解后加入配料锅中，继续搅拌至少 1h，然后用 300 目滤网过滤出料装瓶。

实例 2：将发用角蛋白定型剂和乙醇加入配料锅中，在室温、常压下搅拌至溶解，然后加入香精，再继续搅拌至少 30min 即可装瓶。

实例 3：将纯水加入配料锅中，然后在搅拌下于室温、常压加入发用角蛋白定型剂、三乙醇胺、表面活性剂、香精和防腐剂，搅拌至少 2h 后装瓶。

《产品应用》

本品主要属于美发用品领域，是用于头发定型的定型剂产品。

《产品特性》

（1）本品所述发用角蛋白定型剂及其定型产品能保持头发自然弯曲，使头发具有光泽并维持适当水分（由于角蛋白中含有羟基，对水分子有一定的亲和能力，因而可使定型后的头发保持一定的水分，更接近自然发质）。

（2）由于本品所述定型产品均含有所述发用角蛋白定型剂，因而可在头发表面成膜，对烫发、染发、紫外光、空气污染等所造成的人体头发损伤具有一定的修复作用。

（3）使用本品对头发定型，不仅定型时间较长，还使头发硬度适中，而且易于被洗发香波清洗。

配方 10　防治白发生成、皮肤衰老的化妆品添加剂

《原料配比》

原料	配比（质量份）	
	1#	2#
双硬脂基二甲基氯化铵（75%）	1.2	—
白矿油	1.5	—
十六醇醚	0.5	—
十六烷基糖苷	—	6.0
硒化卡拉胶、二氢硫辛酸、L-蛋氨酸	1.0	2.5
异壬基异壬醇酯	—	25.0
白油	—	5.0
聚二甲基硅烷醇/聚二甲基硅烷酮	—	5.0
十六-十八混合醇	5.0	—
维生素 E 乙酸酯	0.4	—
维生素 A 棕榈酸酯	0.1	—
硬脂酸	1.0	—
水解蛋白	1.0	—
二甲氧基二甲基乙内酰脲	0.1	—
对羟基苯甲酸甲酯	0.15	—

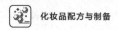

续表

原料	配比（质量份）	
	1#	2#
柠檬酸	0.1	—
山梨醇（70%）	—	5.0
香精	0.1	0.1~0.2
色素	0.1	—
尼泊金甲酯	—	0.1~0.3
去离子水	加至100.0	加至100.0

《制备方法》

将上述配比按原料混合均匀。

《产品应用》

本品主要应用于于化妆品添加剂制作领域，以硒化卡拉胶、二氢硫辛酸、L-蛋氨酸作为化妆品添加剂的主要成分。

《产品特性》

本产品提供了一种防治白发生成、皮肤衰老的化妆品添加剂的配方，由于配方中的硒化卡拉胶和二氢硫辛酸都是食品添加剂，而L-蛋氨酸也是人体必需的氨基酸，所以，对于人体不发生过敏反应，并对人体细胞有很强的修复作用。而且成本低，生产工艺简单，效果显著。

本品的优势在于原料易得，工艺简单，并且易于推广应用。

配方11 肤感清爽的啫喱美白防护乳粉

《原料配比》

原料	配比（质量份）
去离子水	72
丙二醇	6
二氧化钛	1.8
氢化聚癸烯	2.3
羟基硬脂酸	2.2
聚二甲基硅氧烷	5
肉豆蔻酸异丙酯	3.4

146

原料	配比（质量份）
甘油	3.7
棕榈酰脯氨酸/棕榈酰谷氨酸镁/棕榈酰肌氨酸钠	2.8
十六-十八烷基醇（和）十六-十八烷基葡糖苷	1.8
丙烯酸铵和丙烯酰胺共聚物/聚异丁烯/聚山梨酸酯-20	1.6
丁二醇	1.7
黄原胶	0.2
尿囊素	0.25
石榴提取物	1～2
肌肽	0.6
双（羟甲基）咪唑烷基脲	0.12
碘丙炔醇丁基氨甲酸酯	0.015
EDTA-2Na	0.06

《制备方法》

（1）将二氧化钛、氢化聚癸烯、羟基硬脂酸、聚二甲基硅氧烷、肉豆蔻酸异丙酯、棕榈酰脯氨酸/棕榈酰谷氨酸镁/棕榈酰肌氨酸钠和十六-十八烷基醇（和）十六-十八烷基葡糖苷混合均匀，加热至85℃，保温灭菌30min；

（2）将丁二醇和黄原胶混合均匀后，加入丙二醇、甘油、去离子水，搅拌溶解后，再加入尿囊素和EDTA-2Na，加热至85℃，保温灭菌30min；

（3）将温度约75℃步骤（2）的溶液在搅拌的情况下加入温度约75℃步骤（1）的溶液中，搅拌均质5min，再加入丙烯酸铵和丙烯酰胺共聚物/聚异丁烯/聚山梨酸酯-20，搅拌均质5min，冷却降温至45℃后，加入石榴提取物、肌肽、双（羟甲基）咪唑烷基脲和碘丙炔醇丁基氨甲酸酯，搅拌均匀即成本产品。

《产品应用》

本品是美白防护乳粉。

《产品特性》

本品对肌肤具有全能防护作用，有效抵抗UVA和UVB对肌肤的伤害，为肌肤具有透明和即时美白效果提供一流的保护作用；通过严格控制防护晶体颗粒尺寸（35nm），使之在肌肤表面的铺展性和均匀性良好，既能全面吸收紫外线，又不会渗透进入皮肤，为产品提供了最具温和性和安全性的防护作用；能在肌肤表面形成透气佳的防护膜，透明感强，不影响皮肤功能的正常发挥。

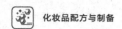

配方 12 改进的啫喱水

⟨原料配比⟩

原料		配比（质量份）									
		1#	2#	3#	4#	5#	6#	7#	8#	9#	10#
丙烯酸衍生物	乙烯吡咯烷酮/乙烯乙酸酯共聚物	0.2	0.4	0.6	0.8	1.0	1.5	2.0	2.5	3.0	4.0
	Diaformer Z-631	15.0	14.0	13.0	12.0	11.0	10.0	9.0	8.0	7.0	6.0
甘油		0	0.2	0.5	0.8	1.0	1.5	2.0	2.5	3.0	4.0
丙二醇		0	4.0	3.5	3.0	2.5	2.0	1.8	1.2	1.0	0.8
聚醚改性聚二甲基硅氧烷		0.1	0.5	0.8	1.0	1.5	2.0	2.2	2.4	2.8	3.0
油醇聚醚-20		0.7	0.7	0.7	0.7	0.7	0.7	0.7	0.7	0.7	0.7
香精		0.3	0.3	0.3	0.3	0.3	0.3	0.3	0.3	0.3	0.3
防腐剂		0.1	0.1	0.1	0.1	0.1	0.1	0.1	0.1	0.1	0.1
水		加至100	加至100	加至100	加至100	加至100	加至100	加至100	加至100	加至100	加至100

⟨制备方法⟩

将适量水加入反应罐中，依次加入乙烯吡咯烷酮/乙烯乙酸酯共聚物、丙烯酸酯/月桂醇丙烯酸酯/硬脂醇丙烯酸酯/乙胺氧化物甲基丙烯酸盐共聚物（Diaformer Z-631）、聚醚改性聚二甲基硅氧烷、甘油、丙二醇、防腐剂等，充分搅拌分散，用油醇聚醚-20 溶解香精后加入前述混合物中，充分搅拌均匀即可。

⟨产品应用⟩

本品用于头发定型，为一种啫喱水组合物。本啫喱水组合物为透明产品，以喷雾形式使用。

⟨产品特性⟩

本品的头发定型组合物可以通过任何已知或其他有效的适用于提供头发定型组合物的技术制备，制备本品的头发定型组合物的方法包括常规的配制和混合技术，解决了常规啫喱水起白现象与定型强度不能兼顾的问题。

配方 13　海娜美发膏

‹ 原料配比 ›

原料	配比（质量份）			
	1#	2#	3#	4#
海娜粉	150	150	150	150
鸡蛋	50	60	50	60
柠檬汁	6	7	6	7
蜂蜜	7	9	7	9
橄榄油	7	30	7	8
酸奶	10	5	10	10
红茶水（海娜粉调制用）	300	320	320	320

‹ 制备方法 ›

（1）海娜粉调制　热水浸泡红茶，取 70～80℃的红茶水调制海娜粉。

（2）美发膏调制　调制好的海娜粉，加入鸡蛋、蜂蜜、橄榄油、柠檬汁和酸奶，搅拌制成海娜美发膏。

‹ 产品应用 ›

本品是一种海娜美发膏。

‹ 产品特性 ›

本品制成的海娜粉美发膏不仅具有美容美发的作用，对抑制头皮屑，兼顾发根，防止脱发、断发及过早出现白发等也有特效。海娜粉养发膏具有天然、环保的特点，可有效抑制表面鳞片，利于安全吸收，消除头发干枯、开叉，使头发光泽并富有弹性、柔软自然。海娜粉养发膏的制备方法具有工艺简单、原料易得、天然环保、成本低廉等优点。

配方 14　含两性树脂的啫喱水

‹ 原料配比 ›

原料		配比（质量份）					
		1#	2#	3#	4#	5#	6#
两性树脂	Yukaformer 301	6.0	10.0	12.0	16.0	18.0	—
	丙甲基丙烯酰基乙基甜菜碱/丙烯酸酯共聚物	—	—	—	—	—	12

续表

原料		配比（质量份）					
		1#	2#	3#	4#	5#	6#
增塑剂	甘油	0.5	1.0	1.2	1.5	3.0	1.5
	D-泛醇	3.0	2.5	2.0	1.5	1.0	1.5
	油醇聚醚-20	0.6	0.6	0.6	0.6	0.6	0.6
聚二甲基硅氧烷	聚醚改性聚二甲基硅氧烷	0.1	0.2	0.5	0.7	1.5	1.0
防腐剂	对羟基苯甲酸甲酯	0.1	0.1	0.1	0.1	0.1	0.1
香精		0.25	0.25	0.25	0.25	0.25	0.3
水		加至100	加至100	加至100	加至100	加至100	加至100

◀制备方法▶

将适量水加入反应罐中，按配比依次加入 Yukaformer 301、丙甲基丙烯酰基乙基甜菜碱/丙烯酸酯共聚物、聚醚改性聚二甲基硅氧烷、甘油、D-泛醇、对羟基苯甲酸甲酯等，充分搅拌分散，用油醇聚醚-20溶解香精后加入前述混合物中，充分搅拌均匀即可。

◀产品应用▶

本品是一种含两性树脂的啫喱水组合物。本品的啫喱水组合物为透明产品，以喷雾形式使用。

◀产品特性▶

本品在化妆品可接受的介质中含有与头发具有良好亲和性的两性树脂，解决了常规啫喱水产品起白现象严重的问题。

配方 15 含丝石竹提取液的洗发乳

◀原料配比▶

原料		配比（质量份）			
		洗发乳	疗效型洗发乳	乌发型洗发乳	儿童型洗发乳
含丝石竹提取液	丝石竹	1	1	1	1
	桔梗	0.5～1	0.5～1	0.5～1	0.5～1
	白鲜皮	0.2～0.5	0.2～0.5	0.2～0.5	0.2～0.5
	知母	0.1～0.2	1.1～1.2	0.1～0.2	0.1～0.2
	沙参	—	1	—	—

原料		配比（质量份）			
		洗发乳	疗效型洗发乳	乌发型洗发乳	儿童型洗发乳
含丝石竹提取液	苦参	—	1	—	—
	黄芩	—	0.6	—	0.6
	防风	—	0.8	—	—
	藁本	—	1	—	—
	白藏	—	1	—	—
	山茱萸	—	1	1	1
	何首乌	—	0.8	1	1
	当归	—	—	1	1
	枸杞子	—	—	1	1
	桑椹	—	—	1	—
	地黄	—	—	0.6	—
	没食子	—	—	1	—
	墨旱莲	—	—	1	—
	南烛	—	—	1	—
	白蒺藜	—	—	1	—
	槲叶	—	—	1.5	—
洗发乳	水相 脂肪醇聚醚硫酸钠	10~20	10~20	10~20	—
	烷基醇酰胺	2~5	2~5	2~5	—
	烷基酰胺	—	—	—	1~4
	味唑啉衍生物	—	—	—	10~20
	吐温-20	—	—	—	7~10
	丙三醇	—	—	—	1~2
	水	加至100	加至100	加至100	加至100
	油相 乙二醇单硬脂酸酯	1~3	1~3	1~3	1~3
	聚乙二醇双硬脂酸酯	0.5~1.5	0.5~1.5	0.5~1.5	0.3~0.6
	含丝石竹药物提取液（有效物含量）	2~5	2~5	2~5	2~5
	尼泊金乙酯或卡松	—	—	—	0.5~1
	氯化钠	2~4	2~4	2~4	—
	苯甲酸钠	0.5~1	0.5~1	0.5~1	—
	柠檬酸	（调 pH 6~7）	（调 pH 6~7）	（调 pH 6~7）	（调 pH 6.8~7.0）
	香精	适量	适量	适量	适量

《制备方法》

(1) 含丝石竹提取液的制备　依次将含丝石竹的药物粉碎、提取药液、粗滤、细滤、精滤处理、浓缩、灭菌，制得含丝石竹的药物提取液。

(2) 洗发乳的制备　将水相原料在 75～85℃ 加热搅拌，油相原料在 65～75℃ 加热搅拌，再将两种液体混合乳化，加入药物提取液和柠檬酸、防腐剂、香精，冷却，包装。

《产品应用》

本品主要用以洗涤头发。

《产品特性》

本品产品中含有丝石竹提取液，其中含有大量丝石竹皂苷及其酶解生成的次级苷，具有活性和抗菌性能，除部分代替人工合成活性剂、尽量减少其负面效应作用外还有保湿润发、软化皮肤、抗皱、抗皮脂、防色素沉积及消炎、改善血液循环、促进头发生长、防生头屑的效果。

配方 16　黑发膏

《原料配比》

原料	配比（质量份）
诃子	8
天麻	12
细辛	12
没食子	12
白干	12
当归	212
五倍子	1000
铜绿	200
黑大豆	40
黑芝麻	20
浓茶汁	适量

《制备方法》

(1) 将诃子、天麻、细辛、没食子、白干、当归混在一起，炒黑，得组合物 A；

(2) 在组合物 A 中加入五倍子、铜绿、黑大豆、黑芝麻，磨成粉末，得组合物 B；

（3）用浓茶汁将组合物 B 调成糊状，加水用火煮，水开歇火，水凉重煮，如此 20～30 次，至膏状。

◀产品应用▶

本品是一种黑发膏，属于化妆品技术领域。

◀产品特性▶

本品中所含有的中草药成分，对头发具有乌发保健作用，而且本品所属的组分配比能够将各个组分的药性充分发挥，头发能够最大限度地深层次吸收其中的营养成分，由内到外改善头发营养，令头发柔润光亮、黑如明漆，黑发效果佳且稳定持久。

配方 17 獾油生发膏

◀原料配比▶

原料	配比（质量份）			
	1#	2#	3#	4#
白鲜皮	3	5	1	9
欧白及	1	9	3	5
松香	5	1	4	9
蛇蜕	6	3	1	9
胡麻	9	5	1	4
獾油	8	9	5	9

◀制备方法▶

（1）提炼獾油 将獾油脂肪用小火炼出獾油，再将炼出的獾油放置于旋转蒸发仪上真空蒸馏，温度为 85～90℃，时间 3～4h，除去异味，放入油桶中于干燥处密封保存，待用；

（2）将白鲜皮、欧白及、松香、蛇蜕和胡麻分别粉碎至 200～300 目细粉待用；

（3）分别称取白鲜皮、欧白及、松香、蛇蜕和胡麻细粉混合后用提炼后的獾油调成膏状即可。

◀产品应用▶

本品是一种用于治疗脱发的獾油生发膏。

◀产品特性▶

本品具有散风化瘀、除湿去垢、强筋活血、解毒利丹等功效，从而解决皮脂分泌过旺等问题，消除过多的皮脂和毛囊中毒因素，主要用于脂溢性脱发、斑秃、全秃等症。

配方 18　胶原多肽营养免洗润发乳

◀ 原料配比 ▶

实例1：

原料		配比（质量份）					
		1#	2#	3#	4#	5#	6#
	A 相						
高熔点脂肪化合物	十六醇	3	3	3	3	3	3
	十八醇	1.5	1.5	1.5	1.5	1.5	1.5
乳化剂	PEG-100 硬脂酸酯和硬脂酸甘油酯	3	3	3	3	3	3
润肤剂	霍霍巴油	2	2	2	2	2	2
	聚二甲基硅氧烷	1.5	1.5	1.5	1.5	1.5	1.5
	碳酸二辛酯	1	1	1	1	1	1
杀菌剂	羟苯甲酯	0.15	0.15	0.15	0.15	0.15	0.15
	羟苯丙酯	0.05	0.05	0.05	0.05	0.05	0.05
	B 相						
去离子水		加至 100	加至 100	加至 100	加至 100	加至 100	加至 100
EDTA-2Na		0.05	0.05	0.05	0.05	0.05	0.05
阳离子调理剂	聚季铵盐-10	0.2	0.2	0.2	0.2	0.2	0.2
保湿剂	甘油	4	4	4	4	4	4
	C 相						
辅料	香精	0.3	0.3	0.3	0.3	0.3	0.3
杀菌剂	甲基异噻唑啉酮	0.0006	0.0006	0.0006	0.0006	0.0006	0.0006
珠光剂		0.2	0.5	0.75	0.8	0.9	1
防腐剂		0.5	0	0.25	0.3	0.5	0.5
	D 相						
胶原多肽		0.05	0.1	0.2	0.5	0.8	1.0
营养剂	维生素 E 乙酸酯	0.1	0.1	0.1	0.1	0.1	0.1
	芦荟提取液	0.8	0.8	0.8	0.8	0.8	0.8

实例2：

原料		配比（质量份）					
		1#	2#	3#	4#	5#	6#
A相							
高熔点脂肪化合剂	二十二醇	3.5	2	4	3	5	4.5
乳化剂		硬脂酸甘油酯0.5	十六烷基葡糖苷1.5	二十烷基葡糖苷1	C_{20}烷基磷酸酯2.5	C_{22}烷基磷酸酯3.5	蔗糖脂4.0
润肤剂	霍霍巴油	1.5	1	2	3	1	1.5
润肤剂1		植物油脂1.5	氢化植物油脂1.5	植物油脂2.5	植物油脂1.5	植物油脂2.5	植物油脂1.5
润肤剂2		烷烃1	酯类1	烷烃1	烷烃1.5	酯类1	酯类1.5
防腐剂或杀菌剂	羟苯甲酯	0.15	0.15	0.15	0.15	0.15	0.15
	羟苯丙酯	0.05	0.05	0.05	0.05	0.05	0.05
B相							
去离子水		加至100	加至100	加至100	加至100	加至100	加至100
EDTA-2Na		0.05	0.05	0.05	0.05	0.05	0.05
阳离子调理剂		0.8	2.0	4.0	5.0	7.0	8.0
保湿剂		2	3	4	5	7	8
C相							
辅料	香精	0.3	0.3	0.3	0.3	0.3	0.3
杀菌剂	甲基异噻唑啉酮	0.0006	0.0006	0.0006	0.0006	0.0006	0.0006
D相							
胶原多肽		0.8	1.0	0.8	0.8	0.8	1.0
营养剂	维生素E乙酸酯	0.1	0.1	0.1	0.1	0.1	0.1
	芦荟提取液	0.8	0.8	0.8	0.8	0.8	0.8

◀制备方法▶

（1）制备A相原料组合物　分别称取设定比例的高熔点脂肪化合物、润肤剂、乳化剂、杀菌剂，依次加入容器中边搅拌边升温到90～95℃至原料全部溶解。

（2）制备 B 相原料组合物　分别称取设定比例的阳离子调理剂、去离子水、保湿剂和 EDTA-2Na，依次加入容器中边搅拌边升温到 90～95℃至原料全部溶解。

（3）制备 C 相原料组合物　分别称取设定比例的香精、杀菌剂。

（4）制备 D 相原料组合物　分别称取设定比例的胶原多肽和营养剂。

（5）边搅拌边把 B 相原料组合物慢慢加入 A 相原料组合物中，搅拌 2～5min，均质 3～8min，搅拌速度控制在 20～30r/min，均质速度为 1400～2600r/min，均质温度控制在 80～90℃。

（6）均质后搅拌 5min 开始降温。

（7）温度降至 45℃时加入 C 相原料组合物。

（8）温度降至 40℃时加入 D 相原料组合物。

（9）继续搅拌、降温到 35～38℃出料，制得胶原多肽营养免洗润发乳组合物。

上述步骤（3）制备的 C 相原料组合物，还包括称取设定比例的防腐剂、珠光剂。

《产品应用》

本品是一种胶原多肽营养免洗润发乳。

《产品特性》

本品中所含的胶原多肽是由脂质体包裹的，在头发上面缓慢释放出来，逐渐被头发吸收利用。方法简单，工艺过程容易控制品质、温度，其制品能运输补给营养、黑色素给头发，改善头皮皮质，帮助解决头发干枯、发黄、分叉、变白、脱落问题。

配方 19　摩丝胶浆

《原料配比》

原料		配比（质量份）
反应液料	丙烯酸	100
	去离子水	200
	乙二酸	7.5
	过硫酸铵	0.5
30%聚丙烯酸		78
丙三醇或丙二醇		7.8

续表

原料	配比（质量份）
烷基酚聚氧乙烯醚	1
一乙醇胺	1
乙二胺四乙醇钠	0.2
阳离子纤维素醚	1
去离子水	10

《制备方法》

（1）将丙烯酸加到去离子水中，并加入乙二酸、过硫酸铵，搅匀使过硫酸铵全溶，配成反应液料。

（2）向容量为 200L 的不锈钢反应釜夹套中通入 90～95℃去离子水，反应液料以线状细流控制约 1kg/min 的速度不断注入反应釜内，开动反应釜搅拌器控制温度在 78～82℃进行聚合反应，聚合反应引发后，停止向夹套通入热水，由反应热维持反应物料温度，如温度超过 82℃，向夹套通入适量冷水控制，反之通入适量热水，使反应维持在 78～82℃，当投料至 120kg 时，由反应釜底部出料阀放出 20kg 黏稠状反应物，液料仍以 1kg/min 的速度不断注入，每 20min 放出 20kg，反应连续进行，直至投料完毕，每次放出 20kg 的反应物投入带盖的容量 100L 以上的塑料桶中作静态聚合，并自然缓慢降至室温，制成 30％聚丙烯酸。

（3）再将 30％聚丙烯酸、丙三醇或丙二醇、烷基酚聚氧乙烯醚、一乙醇胺及预先溶好的乙二胺四乙醇钠。阳离子纤维素醚、去离子水在不锈钢搅拌器中搅拌均匀，成为无色至略带微黄透明黏稠状胶浆，黏度为（3.5～4.5）×10^4 mPa·s，pH 值为 3.8～5.5，固含量（40±2）％。

《产品应用》

本品是一种摩丝胶浆。

《产品特性》

本品是以高分子聚合物为主，配合多种调理剂而成的水溶性混合物，为含固量（40±2）％的黏稠胶浆，替代目前用于生产定发摩丝的昂贵进口胶粉，喷出的泡沫更坚实、持久、细密，有更好的光泽及硬度，定型力强，在雨天有更好的定发效果，抗湿性强，有良好的梳理性，洗发时不积聚。

配方 20 貂油洗发乳

〈 原料配比 〉

原料	配比（质量份）	
	1#	2#
	貂油洗发乳	貂油洗发乳
貂油	15	20
硬脂酸	8	10
甘油酯	6	8
五倍子酸丙酯	0.5	0.6
脂肪醇硫酸钠	10	13
脂肪醇聚氧乙烯醚	6	8
尼纳尔	4	6
香精	0.5	0.6
蒸馏水	加至 100	加至 100

〈 制备方法 〉

（1）将生貂油用直火在锅内加热熔解后，加入五倍子酸丙酯（防腐剂）0.3％，将貂油用直接蒸汽加热除臭，冷却后分离貂油，备用；

（2）取配方量的貂油、硬脂酸、甘油酯、五倍子酸丙酯，搅拌升温至 80℃，备用；

（3）取配方量的脂肪醇硫酸钠、脂肪醇聚氧乙烯醚、尼纳尔和余下的蒸馏水，升温至 80℃搅拌溶解，备用；

（4）将步骤（2）和步骤（3）两项配方料分别过 120 目筛子，混合加热恒温 80℃，搅拌 30min，继续搅拌降至室温加入香精，检验合格后分装、打包、入库。

〈 产品应用 〉

本品是貂油洗发乳。

〈 产品特性 〉

貂油洗发乳的特点是对紫外线有较好的吸收作用，洗头时增加头皮表面血液循环，洗后能使头发光亮柔软、不断发、不分叉、滑腻、便于梳理，有洗发和护发的作用。

配方 21　喷发胶

《原料配比》

原料	配比（质量份）		
	1#	2#	3#
三甲基氯化铵	5	6	8
丙二醇	10	15	20
乙醇	20	26	30
二氯二氟甲烷	50	55	60
香精	0.1	0.2	0.3

《制备方法》

按配方要求，将三甲基氯化铵、丙二醇及香精溶于乙醇中，然后与二氯二氟甲烷混溶，用压缩机压入喷射容器内。使用时，在已梳理好的发型上均匀地喷射本剂即可。

《产品应用》

本品是一种喷发胶。

《产品特性》

（1）本品使用效果良好，可使梳理好的发型保持数天，且不致因刮风等因素而破坏原来的发型；

（2）可使头发有光泽，使人更显青春活力。

配方 22　气压式喷发胶

《原料配比》

原料	配比（质量份）	
	1#	2#
食用乙醇	60	29.7
二甲醚	120	59.5
二丙二醇	0.8	0.25
树脂胶浆	21	10.4
香精	0.8	0.5

◀制备方法▶

(1) 先将食用乙醇置于开放式容器内，让其暴露在空气中自然挥发 3～4h；

(2) 将已挥发好的乙醇按比例加入树脂胶浆，用均质机搅拌 10min 左右，然后静置醇化 5h，形成乙醇和树脂胶浆溶液；

(3) 将二丙二醇和香精以 1∶1 混合，形成二丙二醇香精溶液；

(4) 将已经醇化好的乙醇和树脂胶浆溶液按比例加入混合好的二丙二醇香精溶液，搅拌均匀后，用过滤网过滤后，置于 5℃左右空间冷藏至少 10h；

(5) 用已经过清洗消毒后的马口铁罐，在全自动灌装机上，注入已调配冷藏好的溶液，放入气雾阀门封口，然后机械注入无味二甲醚作为液料推动剂。

所述食用乙醇的质量分数为 95.3%。

所述过滤网的目数为 3000 目。

◀产品应用▶

本品是一种气压式喷发胶。

◀产品特性▶

(1) 本品其特性喷出 3s 以内能快速速干，能达到瞬间定型效果，可使梳理好的发型保持数天，且不致因刮风、睡觉等因素而破坏原有发型。

(2) 本品喷出的颗粒细微，极少有酒精直落在头皮上，不会因过多的高浓度酒精而刺激头皮。

(3) 使用本品后头发上不会残留白屑，头发蓬松自然、更有光泽，使人更显青春活力。

配方 23　清新型啫喱膏

◀原料配比▶

原料	配比（质量份）		
	1#	2#	3#
去离子水	80	80	80
吐温-60	0.3	0.5	0.2
15%乙烯基吡咯烷酮-乙酸乙酯酯共聚物（乙烯基吡咯烷酮∶乙酸乙烯酯摩尔比 4∶1）水溶液	8	—	—
15%乙烯基吡咯烷酮-乙酸乙酯酯共聚物（乙烯基吡咯烷酮∶乙酸乙烯酯摩尔比 5∶1）水溶液	—	6	10
20%聚乙烯基吡咯烷酮-二甲氨基丙基甲基丙烯酰胺共聚物水溶液（聚乙烯基吡咯烷酮∶二甲氨基丙基甲基丙烯酰胺摩尔比 3∶1）	4	—	—

原料	配比（质量份）		
	1#	2#	3#
20%聚乙烯基吡咯烷酮-二甲氨基丙基甲基丙烯酰胺共聚物水溶液（聚乙烯基吡咯烷酮：二甲氨基丙基甲基丙烯酰胺摩尔比4：1）	—	5	3
20%乙烯基己内酰胺-聚乙烯吡咯烷酮-甲基丙烯酸二甲氨乙酯共聚物水溶液（乙烯基己内酰胺、聚乙烯吡咯烷酮、甲基丙烯酸二甲氨乙酯的摩尔比1：0.6：0.8）	3.5	5	—
20%乙烯基己内酰胺-聚乙烯吡咯烷酮-甲基丙烯酸二甲氨乙酯共聚物水溶液（乙烯基己内酰胺、聚乙烯吡咯烷酮、甲基丙烯酸二甲氨乙酯的摩尔比1：1：0.8）	—	—	4
聚乙烯基吡咯烷酮	1.2	1.2	1
聚丙烯酸	0.3	0.3	0.5
甘油	4	4	2
二甲基硅油	0.8	0.8	1.3
丙二醇	3.5	3.5	4
三乙醇胺	0.4	0.4	0.4
香精	0.01	0.01	0.01
卡松	0.08	0.08	0.08

◀制备方法▶

将去离子水加热至85℃，搅拌下加入吐温-60、15%乙烯基吡咯烷酮-乙酸乙烯酯共聚物水溶液、20%聚乙烯基吡咯烷酮-二甲氨基丙基甲基丙烯酰胺共聚物水溶液、20%乙烯基己内酰胺-聚乙烯吡咯烷酮-甲基丙烯酸二甲氨乙酯共聚物水溶液、聚乙烯基吡咯烷酮、聚丙烯酸、甘油、二甲基硅油、丙二醇、三乙醇胺，充分溶解后冷却，冷却到45℃时加入香精、卡松，搅拌均匀后冷却到室温成为成品。

◀产品应用▶

本品是护发和定型用的啫喱膏。

◀产品特性▶

本品啫喱膏中复配清新精华成分，由于吸水性适中，使头皮感到清爽，除具有定型效果以外，还对头发具有营养、柔软、滋润、色泽黑亮、生发等作用。

配方 24　祛屑止痒洗发乳液

《原料配比》

原料		配比（质量份）					
		1#	2#	3#	4#	5#	6#
多元醇	丙三醇	90	—	90	—	90	90
	丙二醇	—	90	—	—	—	—
	山梨醇	—	—	—	85	—	—
羊毛脂		16	15	15	15	7	7
保湿剂	角鲨烷	4.5	—	—	—	—	—
	褐藻酸钠	—	4.5	—	—	—	—
	太阳花油	—	—	5	5	—	5
	海洋保湿剂	—	—	5	5	—	—
	透明质酸	—	—	—	—	4	—
去离子水		350	300	250	250	230	230
阴离子表面活性剂	脂肪醇聚氧乙烯醚硫酸钠	50	—	—	—	—	—
	月桂酰肌氨酸钠	—	32	32	—	30	—
	十二烷基氧乙烯（3）醚磷酸酯钠	—	—	—	30	—	—
	十二羧酸钠	—	—	—	—	—	50
非离子表面活性剂	月桂酸二乙醇酰胺	30	—	—	—	—	—
	烷基多苷	—	22	—	—	—	—
	椰油脂肪酸单乙醇酰胺	—	—	20	—	—	—
	脂肪酸烷醇酰胺	—	—	—	20	—	—
	月桂酸异丙醇酰胺	—	—	—	—	20	15
	单硬脂酸甘油酯	—	—	—	—	—	30
两性离子表面活性剂	月桂酰胺丙基甜菜碱	30	—	—	—	—	—
	椰油酰胺基丙基甜菜碱	—	14	—	—	—	—
	十二烷基二甲基甜菜碱	—	—	16	16	14	14

续表

原料		配比（质量份）					
		1#	2#	3#	4#	5#	6#
阳离子表面活性剂	十二烷基二甲基氧化胺	15	—	—	—	—	—
	阳离子瓜尔胶	—	8	—	15	15	10
	十八烷基三甲基氯化铵	—	—	15	—	—	—
乳化硅油		7.2	—	—	—	—	—
硬脂酸		4.0	—	—	—	—	—
丙烯酸树脂		5.0	—	—	—	—	—
一价无机盐	氯化钠	30	40	—	—	45	55
	氯化钾	—	—	25	—	—	—
	氯化锂	—	—	—	20	—	—
二价无机盐	氯化铜	—	—	—	—	—	5
	氯化锰	—	—	—	—	5	—
	氯化镁	5	—	—	—	—	—
	氯化锌	—	—	5	—	—	—
	硫酸锌	—	5	—	—	—	—
	硫酸铜	—	—	—	5	—	—
中草药提取物	中草药提取物	6	—	—	—	—	—
	苦参	10	10	10	10	15	15
	蔓荆子	10	10	15	10	10	10
	何首乌	20	20	30	20	35	20
	侧柏叶	10	10	10	15	10	10
	桑白皮	10	10	10	10	15	10
	川芎	20	15	10	10	15	10
	黄连	10	15	25	20	30	30
	生姜	50	45	25	35	35	35
	黄芩	10	15	20	25	30	20
	当归	10	20	20	20	20	10
	黄柏	10	15	15	10	15	15
珠光浆		10	—	—	—	—	—
维生素 B		5	—	—	—	—	—
香精		2	—	—	—	—	—

《制备方法》

（1）以多元醇溶解羊毛脂和保湿剂；

（2）在去离子水中分别加入阴离子表面活性剂、非离子表面活性剂、两性离子表面活性剂、阳离子表面活性剂，并搅拌均匀；

（3）将步骤（1）和步骤（2）所得物置于均质乳化机的搅拌罐中，加入乳化硅油、硬脂酸、丙烯酸树脂，设定剪切力为 600～1200r/min，升温至 50～70℃，恒温搅拌 5～25min；

（4）加入一价无机盐和二价无机盐，降温至 45～60℃，设定剪切力为 600～1200r/min，搅拌时间 5～25min，使无机盐在强剪切力作用下充分溶解，并达到乳化和均质；

（5）加入中草药提取物和珠光浆，温度、剪切力不变，搅拌时间 5～25min；

（6）加入维生素 B、香精，降低剪切力为 600～1200r/min，逐步降温至室温；

（7）调节 pH 值为 6.0～8.0；

（8）将步骤（7）所得物抽至成品罐，静置陈化 20～28h，即得产品。

中草药提取物优选制备方法如下：将中草药洗净、晾干粉碎至 20～40 目，以水为提取溶剂，液固比 3∶1，加热沸腾 30min 后过滤，滤渣重复提取 3 次，合并滤液，将滤液浓缩，真空干燥后即为所需的中草药提取物。

《产品应用》

本品是一种含有无机盐及中药的有较好祛屑止痒效果的洗发乳液。

《产品特性》

通过无机盐的中药提取物抑制或杀死头皮糠秕孢子菌和常规菌达到祛屑止痒的目的。可以在一价无机盐含量 3%～20%、二价无机盐 0.01%～0.5%、中草药提取物 0.5%～5.0% 的范围内充分抑制或杀死常规菌和糠秕孢子菌，产品无须添加任何防腐剂和祛屑止痒剂，且具有适宜的黏稠度、适宜的泡沫高度、干湿梳理性和柔顺性，同时具有较强抗静电性、洗发、护发、防脱等功效，对头皮无刺激。

配方 25　三元两性离子型发用定型聚合物

《原料配比》

原料		配比（质量份）				
		1#	2#	3#	4#	5#
含羟基小分子极性化合物	工业用水	—	—	200	—	—
	95%乙醇	300	—	—	—	150

原料		配比（质量份）				
		1#	2#	3#	4#	5#
含羟基小分子极性化合物	甲醇	—	400	—	—	150
		—	2	2	2	—
	乙醇	3	—	—	—	2
乙烯基吡咯烷酮		140	100	120	—	80
丙烯酸（盐）类单体	丙烯酸钠	—	—	—	50	30
	甲基丙烯酸	—	50	—	—	—
	丙烯酸	30	—	—	—	60
含氮类反应性单体	DMAEMA（甲基丙烯酸二甲氨基乙酯）	30	—	—	—	—
	DMAPMA（N,N-二甲基氨基丙基甲基丙烯酰胺）	—	50	—	—	60
	DMAPAA（N,N-二甲基氨基丙基丙烯酰胺）	—	—	30	50	—
催化剂	过氧化苯甲酰	1.5	—	—	—	—
		0.5	—	—	—	—
	叔丁基过氧化氢组成的混合单体	—	—	1.00	1.00	—
	叔丁基过氧化氢	—	—	0.33	0.33	—
	偶氮二异丁腈组成的混合单体	—	0.75	—	—	1.50
	偶氮二异丁腈	—	0.25	—	—	0.50
季铵化试剂	氯乙醇	—	—	13.5	13.5	—
	氯乙酸	15	—	—	—	17
	氯乙酸钠	—	21	—	—	—

◀制备方法▶

（1）在装有回流冷凝和搅拌的反应器中，定量地将聚合反应介质——工业用水、甲醇、乙醇或异丙醇中的一种加入反应器中，升温到 60~68℃，待用；

（2）将乙烯基吡咯烷酮、丙烯酸（盐）和含氮类反应性单体分别按照所占反应单体总量的 40%~70%、15%~30%、15%~30%混合均匀，并将反应单体总量 0.4%~1.0% 的偶氮二异丁腈或有机过氧化物催化剂的 75%加入并溶解在混合单体中待用；

（3）在搅拌的状态下，将步骤（2）组分匀速地加入步骤（1）组分中，控制反应温度在（70±5）℃的范围内，控制加料时间为3h；

（4）当步骤（3）完成后，将剩余的25％催化剂用少量甲醇或乙醇溶解后，一次性加到步骤（3）的反应体系中，并在（70±5）℃条件下保温1.5h；

（5）按照步骤（2）中所选择的含氮类反应性单体物质的量的60％～90％称取季铵化试剂，一次性加入步骤（4）的反应体系中，继续搅拌并在（70±5）℃条件下保温1h；

（6）使用20％～30％的氢氧化钠水溶液调节步骤（5）中的反应液的pH值至6.5～7.0，即为无色透明、水溶性良好的"三元两性离子型发用定型聚合物"。

◀产品应用▶

本品是美发定型的三元两性离子型发用定型聚合物，是一种完全水溶解性的无色透明黏稠液体，适用于凝胶型、黏性液体型、喷雾凝胶型、O/W乳液型、W/O乳液型、微乳液型、喷发胶型啫喱水、发胶等发用定型产品。

◀产品特性▶

该三元两性离子型发用定型聚合物所形成的薄膜富有弹性、手感良好，在高温高湿环境下仍具有较好定型效果和易梳理性；水溶性好，10％该聚合物的水溶液与水的相对透光率高达97％；与头发的亲和性好，具有一定的调理性。

配方 26 桑叶洗发乳

◀原料配比▶

原料		配比（质量份）
桑叶浸提液	新鲜桑叶	500
	蒸馏水	1000
表面活性剂	月桂醇聚氧乙烯醚硫酸钠	140
	聚乙醇单硬脂酸酯	40
	十二烷基二甲基甜菜碱	90
	食盐	10
桑叶洗发乳	表面活性剂	280
	桑叶浸提液	720
	香精	少许

◀制备方法▶

（1）桑叶浸提液制备 将新鲜桑叶沸水热烫、沥水后，切成条状，加入一定量蒸馏水在 70～80℃浸提 6～7h，过滤，滤液静置澄清，得桑叶浸提液。

（2）表面活性剂处理　将月桂醇聚氧乙烯醚硫酸钠、聚乙醇单硬脂酸酯、十二烷基二甲基甜菜碱、食盐按（14～16）∶（4～10）∶（5～10）∶1 的比例混合，于一定温度下充分搅拌至完全溶解。

（3）桑叶洗发乳调配　将桑叶浸提液预加热，倒入混合表面活性剂内，在 60～70℃下迅速充分搅拌至糊状。

（4）得成品　糊状的半成品常温下冷却，加入香精少许，搅匀后加盖密闭一定时间即为成品。

《产品应用》

本品是一种桑叶洗发乳，适合各种人群使用。

《产品特性》

该桑叶洗发乳为棕色带珠光的乳状，含有桑叶中多种功能成分，配方合理，有桑叶的清香味，泡沫丰富、去污力强，能有效地对头发进行全面的平衡护理，对祛屑、乌发有一定功效。

配方 27　塑型发蜡

《原料配比》

原料		配比（质量份）			
		1#	2#	3#	4#
油脂	十六醇	—	—	6	—
	棕榈酸异丙酯	—	—	—	15
乳化剂	单硬脂酸甘油酯	—	2	3	—
	十二烷基硫酸钠	—	—	—	1
保湿剂	丙二醇	—	10	—	—
	麦芽糖醇	—	—	15	—
	山梨醇	—	—	—	5
稳定剂	市售卡波（940）	—	0.5	—	—
	市售卡波（941）	—	—	1	—
	市售 U-21	—	—	—	0.2
成膜剂	聚乙烯吡咯烷酮	—	8	—	—
	乙烯吡咯烷酮和乙酸乙烯共聚物	—	—	12	—
	丙烯酸（酯）类/脂肪醇丙烯酸酯/乙胺氧化物、甲基丙烯酸盐共聚物	—	—	—	3

续表

原料		配比（质量份）			
		1#	2#	3#	4#
调理剂	阳离子瓜尔胶	—	3	—	—
	阳离子纤维素	—	—	4	—
	硅油	—	—	—	1
添加剂	维生素原 B_5	—	1	—	—
	芦荟提取液	—	—	0.5	—
	橄榄提取液	—	—	—	2
赋香剂	市售赋香剂	—	0.4	0.2	—
	市售赋香剂聚二甲基硅氧烷	—	—	—	0.8
防腐剂	尼泊金甲酯	—	0.5	—	—
	苯氧乙醇	—	—	0.2	—
	1,3-二羟甲基-5,5-二甲基海因	—	—	—	0.8
去离子水		100	100	100	100

◆ **制备方法** ▶

（1）按质量份配制原料 油脂6～15，乳化剂1～3，稳定剂0.2～1，成膜剂3～12，调理剂1～4，保湿剂5～15，添加剂0.5～2，赋香剂0.2～0.8，防腐剂0.2～0.8，将油脂及乳化剂加热熔化；

（2）将100质量份的去离子水及保湿剂吸入乳化锅中加热；

（3）当温度升至75～85℃时，开启搅拌，将油脂及乳化剂加入；

（4）搅拌5～10min后，冷却；

（5）50～60℃时，加入稳定剂、成膜剂、添加剂、赋香剂、防腐剂；

（6）30～35℃时，停机，取样检测分析；

（7）检测合格，定量包装。

◆ **产品应用** ▶

本品是一种塑型发蜡。

◆ **产品特性** ▶

（1）本配方采用乳霜为基料，大大地改善了原有发蜡的油腻感及黏稠感。

（2）质地轻盈，容易涂抹上头，容易造型，清洗非常方便。

（3）应用成膜剂，配以保湿剂及调理剂，大大地改善了头发定型的效果。

（4）成膜剂的硬疏水部分及软亲水部分，使用后手感自然、富有弹性，不易被破坏，持久性好。

（5）柔软的亲水部分，在干燥的环境下也保持柔软，不易产生白屑。

（6）在低湿度状态下，也保持弹力，耐湿性好，不粘手。

（7）所使用的成膜剂与毛发拥有非常相似的构造，亲和性好。

（8）优良的抗静电性能，使头发不易蓬松和粘尘。

配方 28　剃须摩丝

◆ 原料配比 ◆

原料		配比（质量份）	
		1#	2#
第一种混合物	氢氧化钠	9	9
	氢氧化钾	9	9
	山梨醇（70%水溶液）	3	3
	去离子水	35.3	35.3
第二种混合物	硬脂酸	18	18
	肉豆蔻酸	0.5	0.5
	棕榈酸	0.2	0.2
	羊毛脂聚氧乙烯醚	0.1	0.1
	三乙醇胺	0.2	0.2
	常用抗氧化剂	0.2	0.2
第三种混合物	椰子油	4	4
	棕榈油	2	2
	单硬脂酸甘油酯	2	2
	丙三醇	5	5
香柏提取物		3	—
栀子提取物		—	3
香精		0.2	0.2
薄荷脑		0.1	0.1
LPG 推进剂		8	8
常用防腐剂		0.2	0.2
乙醇		—	80

◆ 制备方法 ◆

（1）将氢氧化钠、氢氧化钾、山梨醇（70%水溶液）溶解在去离子水中，搅拌均匀后加热至70~80℃，得到第一种混合物；

169

（2）将硬脂酸、肉豆蔻酸、棕榈酸、羊毛脂聚氧乙烯醚、三乙醇胺和常用抗氧化剂混合在一起，搅拌均匀后加热至70～80℃，得到第二种混合物；

（3）将椰子油、棕榈油、单硬脂酸甘油酯和丙三醇混合在一起，搅拌均匀后加热至70～80℃，得到第三种混合物；

（4）将第一种混合物、第二种混合物加入第三种混合物混合在一起，在搅拌下加热至沸腾使其皂化完全，得到皂化料；

（5）将鲜品或干品的香柏或栀子不粉碎或粉碎为10～60目粒度，用水或有机溶剂提取，提取液经过滤浓缩，浓缩液用溶剂法处理得到香柏或栀子提取物或浓缩液经大孔树脂分离后，浓缩洗脱液，干燥得到香柏或栀子提取物；

（6）将皂化料搅拌冷却至30～50℃时加入原料总质量1%～5%的香柏或栀子提取物与香精、薄荷脑、LPG推进剂、常用防腐剂、乙醇，冷至室温时停止搅拌。静置3～6天过滤后灌装，即得成品。

【产品应用】

本品是一种日常梳妆用乳剂化妆品，特别是一种男性专用的剃须摩丝。

【产品特性】

本品是在硬脂酸、单硬脂酸甘油酯、肉豆蔻酸、棕榈酸、椰子油、棕榈油、羊毛脂聚氧乙烯醚、山梨醇、丙三醇、三乙醇胺、氢氧化钠、氢氧化钾等原料的基础上，添加中草药提取物，通过一定的工艺制备而成。中草药提取物大多含有多种植物皂苷、多糖、内酯、挥发油和一些微量元素等物质，能使皮肤感觉清凉，并具有显著的杀菌、抗炎、抗病毒、美容护肤的效果。本品的剃须摩丝有泡，它能使毛发膨润软化、易于刮剃、保护和滋润皮肤。

本品具有杀菌、抗炎、抗病毒、美容护肤、保护皮肤不受感染的作用，并能膨胀胡须、软化毛发、舒缓肌肤，使胡须易于刮剃，使用方便。

配方29 天然药物定型啫喱水

【原料配比】

原料			配比（质量份）
组分A	天然药物	丁香	15
		甘松香	15
		零陵香	20
		川芎	20
		竹叶	20
		白芷	10

续表

原料			配比（质量份）
组分A	天然药物	泽兰	—
		防风	20
		杏仁	30
		柏叶	30
		苍术	10
		青木香	8
组分B	乙酸丙酸纤维素		12
	溶剂		4.0
定型保湿剂			5.0
香精			0.2

◀制备方法▶

（1）加工处理天然药物　将天然药物按比例加水 500mL 浸泡 1.5h。

（2）组分 A 的配置　将浸泡好的药物大火煮沸，然后文火熬 0.5h，冷却，过滤，得液体 100mL。

（3）组分 B 的配置　将 12％乙酸丙酸纤维素溶于 4.0％溶剂中，于 40～60℃加热 10～15min。

（4）温度 50～60℃下将配置好的组分 A 在搅拌的情况下加入组分 B 中，充分搅拌均匀，降温至 40℃加入定型保湿剂、香精，冷却至室温装罐即可。

◀产品应用▶

本品是一种乌发定型的天然组合物，即青少年乌发养发纯天然药物定型啫喱水。

◀产品特性▶

本品主要是将天然药物经过加工处理后，用于护发啫喱水中，使所得产品除具有定型效果以外，还具有营养、柔软、滋润、色泽黑亮、生发等作用，是纯天然美发、护发、养发用品。

配方 30　天然植物洗发乳

◀原料配比▶

原料	配比（质量份）
棕榈油	40
大麻子	16

原料	配比（质量份）
皂荚末	21
白芷	24
秦椒	16
乳化剂（卵磷脂、绵羊油、牛奶或蛋黄素中任一种）	6
蒸馏纯水	137

《制备方法》

首先将棕榈油、大麻子及皂荚末，经隔水加热80℃至完全溶解混合为油相溶液，再将蒸馏纯水加热至100℃沸腾，然后将纯水倒入前述油相溶液，利用搅拌器以600r/min的速度进行搅拌，并加入乳化剂进行乳化反应，在搅拌10min后，接着隔水冷却10min，然后再以400r/min的速度继续搅拌至内部物约40℃，再加入秦椒及白芷，同时以600r/min的速度继续搅拌30min，使其充分混合，最后静置24h而完成。

《产品应用》

本品是一种洗发用品，特别是一种清洁保养头发及头皮的天然植物洗发乳。

《产品特性》

本品能避免对头皮及头发造成伤害。

配方 31 头发定型液

《原料配比》

原料	配比（质量份）		
	1#	2#	3#
蛋白粉	6	8	10
硅氧烷	1	1	2
甘油	2	4	6
尿素	1	2	3
果酸	1	2	2
水	加至100	加至100	加至100

《制备方法》

将蛋白粉、硅氧烷、甘油、尿素、果酸、水按上述质量配比混合均匀即可。

本品是一种头发定型液。

❮产品特性❯

本品制备工艺简单，性能优良，定型自然，用后头发弹性适中，翻梳造型容易，不粘手和灰尘，不干燥，不起白屑。

配方32　头发环保型彩色定型气雾剂

❮原料配比❯

原料		配比（质量份）				
		1#	2#	3#	4#	5#
推进剂	二氟乙烷	48	10	25	30	15
	二甲醚	—	35	—	25	—
	石油气	—	—	20	10	10
溶剂	丙酮	—	35	23	10	48
	乙醇	39.9	5	22.9	5	23.7
	去离子水	—	5	—	5	—
定型剂	丙烯酸（酯）类共聚物	6	—	—	—	—
	丙烯酸两性树脂	—	3	—	8	—
	聚乙烯吡咯烷酮	—	—	6	—	1
助溶剂和保湿剂	丙二醇	3	3	—	5	—
香精		0.1	0.1	0.1	0.5	0.3
颜料（硅粉、云母、二氧化钛、氧化铁、氯氧化铋、覆铝的环氧树脂等）		3	3	2	1.5	2

❮制备方法❯

（1）剂液的制备　将推进剂、颜料、定型剂、助溶剂和保湿剂、香精等溶解分散在溶剂中，制成剂液。

（2）产品灌装　将剂液灌入气雾罐中，装阀门，封口，充填二氟乙烷，水浴，装喷嘴，装外盖，装箱。

❮产品应用❯

本品是一种用于头发的环保型彩色定型气雾剂。

⟨ 产品特性 ⟩

由于采用的原料大多数是非 VOC 物质，因此用这些原料配制出的组合物可满足环保要求，提高了产品的竞争力，降低了产品的销售成本。

配方 33　乌发水/膏

⟨ 原料配比 ⟩

原料	配比（质量份）
黑木耳	3
黑芝麻	5
黑豆	10
百草霜	10
冬葵子	10
首乌	15
枸杞子	15
铁落花	1
人参	5
丹参	5
党参	10
百部	5
海螵蛸	5
扁蓄	10
地骨皮	5
皂角	10
川芎	5
当归	5
生地炭	15
安息香	1
茉莉	1
红花	5
公英	5
地丁草	5
菟丝子	5

续表

原料	配比（质量份）
棕榈炭	10
血余炭	15
双花	1
连翘	1
鸭跖草	1
水	1000

《制备方法》

按原料配方取药材混配后加水，用蒸汽升温100℃以上，持续0.5h，用提取器提取出药液，将药液与水按4∶1的比例混合后加配到制作洗发水的常规工艺中，制作出乌发水，供洗发用。药余渣碾压碎后按1∶1的比例加配到发膏料中，制出乌发膏。

《产品应用》

本品主要用作乌发水/膏。

《产品特性》

本品采用了对人体有补益作用的中药，洗发时直接让药剂渗入发根，可使头发得到补药的滋养，因此具有健脑、乌发、生发、祛屑、止脱发、止头痒、护发的作用，长期使用，具有使白发从发根自然变黑之功效，且对皮肤无毒、无害、无刺激，人人皆可使用，是当代染发剂中理想的替代产品。

配方34　羊毛生态染膏

《原料配比》

原料			配比（质量份）					
			1#	2#	3#	4#	5#	6#
染色膏	染料	没食子酸	15.0	—	1.0	6.0	7.0	—
		鞣酸	—	1.0	—	3.0	5.0	15.0
	表面活性剂	TX-10	1.0	0.3	0.8	0.6	0.7	1.2
		十二烷基硫酸钠	0.1	0.5	0.3	0.2	0.1	0.1
		平平加O	0.6	1.2	0.4	1.2	0.7	0.5
	增稠剂	2%羟甲基纤维素	10.0	—	30.0	—	10.0	—
		2%羟乙基纤维素	—	30.0	—	30.0	—	10.0

续表

原料			配比（质量份）					
			1#	2#	3#	4#	5#	6#
染色膏	上染助剂	巯基乙醇	10.0	1.0	—	—	10.0	—
		巯基乙酸	—	—	1.0	1.0	—	10.0
		月光氨酸	10.0	—	—	1.0	15.0	10.0
	去离子水		53.3	66.0	66.5	57.0	51.2	53.2
媒染膏	媒染剂	硫酸亚铁	15.0	1.0	—	9.0	—	15.0
		三氯化铁	—	—	1.0	—	12.0	—
	表面活性剂	TX-10	1.0	0.3	0.8	0.6	0.7	1.2
		十二烷基硫酸钠	0.4	0.5	0.3	0.2	0.4	0.1
		平平加O	0.6	1.2	0.4	1.2	0.7	0.5
	增稠剂	2%羟甲基纤维素	10.0	—	30.0	—	20.0	—
		2%羟乙基纤维素	—	30.0	—	20.0	—	10.0
	抗坏血酸		0.4	—	—	0.1	—	0.5
	去离子水		72.6	67.0	67.5	68.9	66.2	72.7

◀制备方法▶

（1）**染色膏的制备** 按比例称取表面活性剂溶于去离子水中，然后加入染料，溶解，混匀，再加入增稠剂调整黏度得到黏稠膏体，将上染助剂加入黏稠膏体中溶解得到染色膏。

（2）**媒染膏的制备** 按比例称取表面活性剂加入去离子水中溶解，加入媒染剂，再加入增稠剂和抗坏血酸，混匀制得媒染膏。

（3）**用生态染膏对羊毛进行染色** 取染色膏配制成10~30的水溶液，调节pH值至8.5~10制得染液，按羊毛：染液的质量比为1：（10~30）的比例加入羊毛，待羊毛全部润湿后，以1℃/min的速度将染浴升温至35~45℃，保温35~50min，加入媒染膏，在35~45℃保温35~50min，水洗，皂洗，即得。

◀产品应用▶

本品主要是一种羊毛生态染膏。

◀产品特性▶

本品避免了高温染色所导致的对羊毛品质的损坏，并且染色时间短，不会对环境造成污染，是一种上染速度快、均染性好的染膏。

配方 35　氧化胺型两性发用定型聚合物

◀原料配比▶

原料		配比（质量份）							
		1#	2#	3#	4#	5#	6#	7#	8#
（甲基）丙烯酸 N,N-二烷基氨基烷基酯	（甲基）丙烯酸 N,N-二乙氨基丙酯	60	55	50	40	35	30	75	65
（甲基）丙烯酸短链烷基酯	甲基丙烯酸甲酯	35	40	45	50	55	60	24	20
（甲基）丙烯酸长链烷基酯	甲基丙烯酸月桂酯	5	—	—	10	5	2	1	15
	甲基丙烯酸硬脂基酯	—	5	5	—	—	—	—	—
	甲基丙烯酸硬脂酸酯	—	—	—	—	5	8	—	—
无水乙醇		160							
脂肪醇溶剂	异丙醇					500			
	乙二醇						240		
聚合用引发剂	含偶氮二异庚腈 37.5%（质量分数）的乙醇溶液	15							
	含偶氮二异庚腈 50%（质量分数）的乙醇溶液	15							
	偶氮二异庚腈 62.5%（质量分数）的乙醇溶液	15							
双氧水稳定剂	柠檬酸	0.5	0.1	0.05	0.3				
金属离子螯合剂	EDTA-2Na	0.5	0.1	0.05	0.3				

◀制备方法▶

（1）将 a（甲基）丙烯酸 N,N-二烷基氨基烷基酯、b（甲基）丙烯酸短链烷基酯和 c（甲基）丙烯酸长链烷基酯以及无水乙醇或脂肪醇溶剂，加入反应釜中，在 1~2h 内搅拌混合的同时升温到 55~70℃，然后缓慢滴加聚合用引发剂，保温 1~2h；

（2）在步骤（1）完毕后，升温至 65～75℃后，在 1～2h 内向反应釜中缓慢滴加聚合用引发剂，然后保温 1～2h；

（3）在步骤（2）完毕后，升温至 75～80℃后，在 1～2h 内向反应釜中缓慢滴加聚合用引发剂，然后保温 2～3h；

（4）在步骤（3）结束后，向反应釜中缓慢加入一定量的柠檬酸或（和）EDTA-2Na，以及相当于 a 摩尔数的 0.5～1.5 倍的质量分数为 25%～55% 的过氧化剂水溶液，在 70～80℃下反应 4～5h 后，保温 6～12h；

（5）在步骤（4）所得反应釜中产物可在对残留的过氧化物不加处理的状态下直接使用，也可用常用的方法处理后使用，如还原剂添加处理、离子交换树脂处理、活性炭处理、金属催化剂的处理等。

上述步骤（1）中脂肪醇加入量为（甲基）丙烯酸 N,N-二烷基氨基烷基酯、（甲基）丙烯酸短链烷基酯和（甲基）丙烯酸长链烷基酯加入量的 2.4～5.0 倍。

本品的两性离子型发用定型聚合物的制备方法，其特征在于溶液聚合时选用分段升温和分批加入引发剂，具体包括如下步骤：

（1）第一阶段反应　在装有通氮装置、回流冷凝装置、搅拌器、温度计的反应釜中，加入 a、b、c 所述的化合物及溶剂，搅拌混合同时升温，当达到一定温度时，缓慢滴加用溶剂溶解的一定量的引发剂，保温反应一定时间。

（2）第二阶段反应　第一阶段反应结束后，开始缓慢滴加用溶剂溶解的一定量的引发剂，同时使体系升到一定的温度，保温反应一定时间。

（3）第三阶段反应　第二阶段反应结束后，开始缓慢滴加用溶剂溶解的一定量的引发剂，同时使体系的温度升到一定的数值，保温反应一定时间。

〈 产品应用 〉

本品是氧化胺型两性发用定型聚合物。

〈 产品特性 〉

（1）本品特别适合用于啫喱水、啫喱膏或者是喷发胶等发用定型产品，与凝胶基材的相容性良好。

（2）本品能形成具有良好手感的薄膜，有弹性和较强硬度，不发黏，且形成的薄膜透明性极好。

（3）本品具有优异的定型力，无论聚合物的乙醇溶液还是水溶液用于啫喱水配方中，定型效果都极佳。

（4）本品还具有优异的洗发性，与头发的亲和性好，具有一定的调理性。

配方36　婴儿洗发乳

‹原料配比›

原料	配比（质量份）
十二烷基醚硫酸钠	25
单硬脂酸甘油酯	6
地肤子提取物	2
乙二醇	1.5
柠檬酸	3
玫瑰香精	0.3
颜料	0.2
纯水	加至100

‹制备方法›

将十二烷基醚硫酸钠、单硬脂酸甘油酯、地肤子提取物、乙二醇和柠檬酸按顺序加到70℃纯水中搅匀；降温后加入玫瑰香精和颜料搅匀。

‹产品应用›

本品是一种婴儿洗发乳。

‹产品特性›

本品提供的婴儿洗发乳，无毒无刺激性，安全性和稳定性好，且泡沫丰富，增加婴儿清洗过程的乐趣。经常使用本婴儿洗发乳，能起到调理、柔软、营养婴儿头发的作用。

配方37　中草药生发头膜膏

‹原料配比›

原料	配比（质量份）
人参	80
当归	80
天麻	80
枸杞	80

原料	配比（质量份）
丹参	80
苦参	80
何首乌	80
桃仁	80
菟丝子	80
地肤子	40
黄芪	40
乳香	40
白鲜皮	40
尤丹草	80
马钱子	40
海菜粉	适量
乙醇水溶液（50%）	适量

❮制备方法❯

（1）根据所述中草药处方，按其配伍和配比称重计量。

（2）将第一步经过称重计量所得的中草药投入反应釜，加入50%的乙醇水溶液。乙醇水溶液的加入量，以能够令中草药全部沉浸在乙醇水溶液内即可。封盖反应釜，令中草药在乙醇水溶液内浸泡24h。再倾倒出中草药复合滤液。

（3）将第二步所制备的中草药复合滤液，置入搅拌釜内，投加海菜粉，同时启动搅拌器进行充分搅拌，直至中草药复合滤液生成黏膏状，即制备成中草药生发头膜膏。然后经过分装，即可面市供应用户。

❮产品应用❯

本品是一种适宜于人体外用的治疗脱发、少发的中草药生发头膜膏。

❮产品特性❯

本品的制成品解决了已有涂液在使用中易于流失、涂抹不匀、使用不便、清洗麻烦、且疗效不够理想的问题。而本品的制备方法，则具有工艺流程短、方法简易、操作方便、整个制备过程无"三废"排放等优点。

五　眼部化妆品

配方1　补水祛皱眼啫喱

‹原料配比›

原料	配比（质量份）		
	1#	2#	3#
透明质酸	35	25	30
蜂蜜	15	25	20
芦荟汁	10	15	13
银耳	15	10	13
丝瓜汁	10	15	13
甘草	4	3	3
白芷	3	35	3
去离子水	加至100	加至100	加至100

‹制备方法›

将透明质酸、蜂蜜、芦荟汁、银耳、丝瓜汁、甘草、白芷加入去离子水中，混合均匀即可。

《产品应用》

本品是一种眼啫喱。该眼啫喱可直接涂抹于眼部，也可将面膜纸浸泡其中，再敷于眼部。

《产品特性》

本品中透明质酸具有成膜和润滑性，保持皮肤水分，防止皮肤皲裂和皱纹的产生；蜂蜜能使皮肤光洁细腻；芦荟中的多糖和维生素对人体的皮肤有良好的营养、滋润、增白作用；银耳能润白祛皱、增强皮肤弹性；丝瓜可以抗过敏、增白；甘草和白芷能促进皮肤血液循环。

配方2　蚕丝睫毛膏

《原料配比》

原料	配比（质量份）		
	1#	2#	3#
蜂蜡	1	3	5
地蜡	3	5	8
硬脂酸铝	2	4	6
对羟基苯甲酸甲酯	0.2	0.5	0.8
炭黑	5	6	8
三乙醇胺	1	1	2
蚕丝粉	3	4	6
石油醚	加至100	加至100	加至100

《制备方法》

（1）按配方要求，将蜂蜡和地蜡放在容器中加热熔化并搅拌均匀。

（2）将硬脂酸铝、三乙醇胺及蚕丝粉加入溶剂石油醚中，边加热边搅拌，直至固体物全部溶解，加热温度为80℃。

（3）将步骤（1）和（2）制得的混合物混合后，再加入对羟基苯甲酸甲酯和炭黑，并充分搅拌均匀，冷却至室温即得成品。

《产品应用》

本品是一种蚕丝睫毛膏。

《产品特性》

本品采用蚕丝粉作填料，能使睫毛有卷曲效果，选用蜂蜡、地蜡、硬脂酸铝作为添加剂，并加入三乙醇胺，能增加产品的光泽和润滑性、柔软性，有适宜的干燥性，不怕泪水和雨水的浸湿，涂抹时容易分布均匀且不凝结，储存不容易变质，容易卸妆。

配方3　防治眼周脂肪粒的眼霜

‹原料配比›

原料	配比（质量份）		
	1#	2#	3#
透明质酸	35（体积份）	25（体积份）	30（体积份）
温泉有机活性因子	10（体积份）	15（体积份）	12（体积份）
鼠尾草提取液	10（体积份）	5（体积份）	7（体积份）
山药提取液	10（体积份）	5（体积份）	7（体积份）
红豆蔻	8	8	7
凌霄	3	3	4
西洋参	5	5	4
龙眼	6	6	5
陈皮	7	7	6
去离子水	加至100	加至100	加至100

‹制备方法›

将各组分按常规方法制成霜剂。

‹产品应用›

本品是一种防治眼周脂肪粒的眼霜。使用时可直接涂抹于眼部，也可将面膜纸浸泡其中，再行敷于眼周。

‹产品特性›

本品是用无毒水溶性高分子材料制成的具有高透明度的眼霜，其性质稳定，不含乙醇，对眼部无刺激性。由于眼霜中含有大量水分，当贴在眼表面时，可通过角蛋白特有的水合作用被皮肤吸收，为皮肤提供充足的水分并防止皮肤角质层中的水分蒸发减少。当角质层吸收了较多的水分后，皮肤的吸收能力相应增强，从而使附加的滋润营养护肤成分易于吸收，从而对眼部皮肤起到彻底的补水保湿作用。用后眼部异常滋润光滑，感觉非常舒适、清爽。

配方 4 蜂肽焕颜紧致赋活眼霜

＜原料配比＞

原料	配比（质量份）
蜂子冻干粉	3.0～5.0
单甘油酯	1.0
硬脂酸	0.50
抗氧化剂	0.05
硅油	1.0
霍霍巴油	4.0
蚕丝油	3.0
维生素 E	2.0
红没药醇	0.2
多元醇	5.0
氨基酸	1.0
防腐剂	适量
香精	适量
去离子水	76.25～78.25

＜制备方法＞

将单甘油酯、硅油、霍霍巴油、硬脂酸和蚕丝油混合加热到 70～75℃，搅拌并保温，将维生素 E、红没药醇、氨基酸和多元醇混合加热到 70～75℃，再将上述两组成分混合搅拌，当温度降低到 40～50℃时，将蜂子冻干粉、抗氧化剂、防腐剂、去离子水和香精加入，搅拌均匀，即成。

＜产品应用＞

本品主要用于减退眼角皱纹及眼周细纹。

＜产品特性＞

本方法工艺简单，方便实际生产操作，由于采用了上述特殊工艺，产品能有效保持蜂子冻干粉自身的特性。在与其他成分的共同作用下，还能明显减退眼角皱纹及眼周细纹。

配方5　高效眼部滋润霜

◀原料配比▶

原料	配比（质量份）				
	1#	2#	3#	4#	5#
精纯维生素 A	3	1	2.5	1.5	2
维生素 C	1	3	1.5	2.5	2
小麦胚芽中提取的维生素 E	1	3	1.5	2.5	2
芦荟	3.4	7.2	5	6	5.5
乳木果油	2	6	3	5	4
水解蚕丝蛋白	1	2.8	1.5	2.0	1.8
水	80	110	90	100	95

◀制备方法▶

将各组分按常规方法制成霜剂。

◀产品应用▶

本品是一种高效眼部滋润霜。

◀产品特性▶

本品营养丰富、不容易长脂肪粒，产品中所含的精纯维生素 A，它能够作用于皮肤深层，调节细胞角化过程，促进生成胶原纤维和弹性纤维，能有效消除细纹，抚平皱纹。维生素 C 作用于皮肤表层，能激活皮肤中的天然抗氧化剂，使皮肤有光泽且透明。芦荟具有舒缓淤血的功效，可以缓解疲劳和眼部浮肿。小麦胚芽中提取的维生素 E 作用于皮肤深层，有效保湿补水，让眼睛周围肌肤水嫩。水解蚕丝蛋白可以保护肌肤免于失水干燥，并且可赋予肌肤柔滑感。乳木果油含天然植物固醇，具有修护脱皮受损肌肤的效果，同时赋予肌肤长时间滋润度。

配方6　护眼化妆品

◀原料配比▶

原料	配比（质量份）
纳米金（3～10nm）	0.003
聚甲基硅倍半氧烷	3

原料	配比（质量份）
甘油聚甲基丙烯酸酯（和）丙二醇（和）PVM/MA 共聚物	12
咖啡因脂质体液	4
透明质酸	0.09
维生素乙酸酯	1.9
烟酰胺	3.2
D-泛醇	2.3
氮酮	1.8
丁二醇	12
尿囊素	0.8
丙烯酸铵和丙烯酰胺共聚物/聚异丁烯/聚山梨酸酯	2.5
乙二胺四乙酸二钠盐	0.06
双（羟甲基）咪唑烷基脲	0.2
香精	0.03
去离子水	120

◀制备方法▶

(1) 将乙二胺四乙酸二钠盐、尿囊素、去离子水搅拌溶解均匀后，加热至 95℃，灭菌 20min；

(2) 将步骤（1）的溶液冷却至室温，在搅拌的情况下加入烟酰胺、D-泛醇和丙烯酸铵和丙烯酰胺共聚物/聚异丁烯/聚山梨酸酯，搅拌溶解均匀；

(3) 将透明质酸均匀分散在丁二醇中，然后在搅拌的情况下慢慢加入步骤（2）形成的溶液中，充分搅拌至透明质酸完全溶解；

(4) 将甘油聚甲基丙烯酸酯（和）丙二醇（和）PVM/MA 共聚物在搅拌的情况下缓慢加入步骤（3）形成的溶液中，充分搅拌至形成均匀的半流动性乳状液；

(5) 分别将纳米金（3~10nm）、聚甲基硅倍半氧烷、咖啡因脂质体液、维生素乙酸酯、氮酮、双（羟甲基）咪唑烷基脲和香精加入步骤（4）形成的半流动性乳状液中，搅拌均匀后即得护眼化妆品。

◀产品应用▶

本品主要用作护眼化妆品。

◀产品特性▶

本品利用纳米金粒子与各组分良好的相容性，且由于金粒子极为细密，很容易就能透过人体微血管将纳米金带到皮下组织，对于防皱以及保湿具有明显效果，此外，纳米金元素可活化并平衡红细胞，使得清洁按摩更为深层，肌肤更净白、柔嫩。

配方7　护眼用化妆品

‹原料配比›

原料		配比（质量份）			
		1#	2#	3#	4#
A相	珍珠水解物	2	5	4	4
	乙二胺四乙酸二钠	0.5	0.1	0.2	0.2
	对咪唑烷基脲	0.1	0.5	0.3	0.4
	水	0.5	0.2	0.4	0.3
B相	甘油	10	3	6	5
	芦荟胶	2	8	4	6
	海藻提取物	5	2	3	3
	水	10	20	17	14
C相	卡波树脂	1	0.2	0.6	0.7
	祛眼袋收敛素	0.2	1	0.4	0.5
	弹性蛋白	0.5	0.2	0.3	0.3
	胶原蛋白	0.2	0.5	0.4	0.3
	卵磷脂	0.5	0.2	0.3	0.4
	水	40	50	43	48
D相	金缕梅提取液	10	3	8	6
	三乙醇胺	0.3	1	0.6	0.5

‹制备方法›

（1）按质量配比将珍珠水解物、乙二胺四乙酸二钠、对咪唑烷基脲和水混匀，搅拌加热至45～65℃溶解；过滤除渣，冷却至35～45℃，制得A相。

（2）按质量配比将甘油、芦荟胶、海藻提取物和水混匀，搅拌加热至45～65℃溶解，过滤除渣，得B相。

（3）按质量配比将祛眼袋收敛素、弹性蛋白、胶原蛋白、卵磷脂和水混匀，搅拌加热至45～65℃溶解；过滤除渣，冷却至35～45℃加入卡波树脂，搅拌溶解均匀，得C相。

（4）将步骤（1）和（2）分别制备好的 A 相和 B 相，加入步骤（3）制备的 C 相，搅拌均匀，静置。

（5）将 D 相中的金缕梅提取液加入步骤（4）的混匀物中，搅拌均匀，静置消泡；再加入 D 相中的三乙醇胺，搅拌均匀。

◀产品应用▶

本品是一种护眼用化妆品。

◀产品特性▶

本护眼用化妆品配方中无油组分，富含海水珍珠提取精华、祛眼袋收敛素、抗皱保湿因子、透明质酸等等，采用先进生物技术配制而成。精确掌握好各活性组分所耐最高温度要求，避免高温对活性的影响。高聚物溶解充分，以免影响产品外观与功效。配方稳定性佳，性能好。具有以下优点：易于肌肤吸收，眼部肌肤零负担，提炼的顶级组分与基础组分的完全组合，纯天然，不添加香精、色素，为肌肤减压，回归自然。

本品为采用多个组合物组合而成的护眼用化妆品，其中珍珠在安神定惊、清热滋阴、明目、延缓衰老、祛斑美白、补充钙质等方面都具有独特的作用。现代研究表明珍珠的主要成分：碳酸钙、有机物、水，以及无机微量元素。珍珠经水解后的液体中富含肽类物质，肽类物质的组成是小于 50 个氨基酸的低分子蛋白质，在体内担负重要调节功能，因此被称为生物活性肽（也叫功能肽）。功能肽在肠道的吸收效果最佳，并且人体内的蛋白质实际上大部分是以多肽的形式吸收的。经研究，功能肽在美容方面有其独特的效果，如骨胶多肽有明显改善与老化相关的胶原合成低下的作用从而改善皮肤的状况；胶原多肽富含亲水性保湿因子，能涵养皮肤水分，使皮肤具有良好的亲和性及弹性。

配方 8　活肤眼霜

◀原料配比▶

原料		配比（质量份）		
		1#	2#	3#
油相原料	霍霍巴油	5.0	3.5	4.0
	橄榄油	1.0	0.5	0.7
	合成角鲨烷	2.0	1.0	1.5
	二甲基硅油	2.0	1.0	1.5
	维生素 E 油	1.2	1.0	1.1
	乳木果油	3.0	2.0	2.5

续表

原料		配比（质量份）		
		1#	2#	3#
油相原料	十八醇	2.0	1.5	1.7
	单硬脂酸甘油酯	1.7	1.4	1.6
	羟基苯甲酸丙酯	0.2	0.1	0.15
	甲基葡萄糖苷倍半硬脂酸酯	1.2	0.1	1.1
	甲基葡萄糖苷聚乙二醇-20 醚倍半硬脂酸酯	1.8	1.1	1.5
水相原料	甘油	3.0	2.0	2.5
	卡波 940	0.2	0.1	0.2
	蒸馏水	70.2	80.4	74.4
大豆肽		1.5	1.0	1.3
氧化还原酶（SOD）		1.8	1.0	1.4
水解米糠蛋白		1.7	1.0	1.3
杰马防腐剂（咪唑烷基脲）		0.3	0.2	0.25
香精		0.2	0.2	0.2
三乙醇胺		适量	适量	适量

《制备方法》

（1）将油相原料：霍霍巴油、橄榄油、合成角鲨烷、二甲基硅油、维生素 E 油、乳木果油、十八醇、单硬脂酸甘油酯、羟基苯甲酸丙酯、甲基葡萄糖苷倍半硬脂酸酯、甲基葡萄糖苷聚乙二醇-20 醚倍半硬脂酸酯称重后加热至75℃搅拌溶解；

（2）然后将水相原料缓慢倒入油相原料中，充分搅拌均匀，待温度降低到40℃时，加入大豆肽、氧化还原酶（SOD）、水解米糠蛋白、杰马防腐剂（咪唑烷基脲）搅拌均匀，用三乙醇胺调 pH 值为 6.5，加入香精均质乳化 3min，出料。

《产品应用》

本品主要适用于消除黑眼圈和深度皱纹。

《产品特性》

本品由于含有大豆肽、氧化还原酶（SOD）、水解米糠蛋白，具有积极促进眼部血液循环的作用，能够保护胶原蛋白以及弹性蛋白等基础支撑组织；能够清除多余自由基离子；抵御自由基等结缔组织退化，增强眼部细胞活力性能，可有效改善眼部黑眼圈、眼袋等问题。

配方9 睫毛膏

‹原料配比›

原料		配比（质量份）		
		1#	2#	3#
A相	微晶蜡	2	4	5
	蜂蜡	1	2	3
	EM97	1	2	4
	聚二甲基硅氧烷	3	5	3
	八甲基环四硅氧烷	10	10	12
	聚甲基丙烯酸甲酯	3	10	15
	尼泊金酯	适量	适量	适量
B相	去离子水	至100	至100	至100
	丙二醇	5	3	5
	三乙醇胺	2	2	3
	尼泊金甲酯	适量	适量	适量
	苯乙烯/丙烯酸/甲基丙烯酸铵盐共聚物	5	15	20
C相	氧化铁黑	15	10	15
D相	香精	适量	适量	适量

‹制备方法›

（1）将A相加热到83℃，全部熔化，搅拌均匀；

（2）将B相加热到83℃，将C相加入B相，搅拌均匀，三辊研磨三遍，混合均匀，恢复温度到83℃；

（3）将步骤（2）的混合相在83℃时缓慢加入A相中，并均质5min；

（4）将D相加入步骤（3）乳化液中均质3min，保温30min，再降温至45℃；

（5）搅拌均匀，出料。

‹产品应用›

本品主要用作睫毛膏。

‹产品特性›

本品膏体涂抹均匀，防水效果好，且上妆持久。

配方 10 眉毛膏

《原料配比》

原料	配比（质量份）
凡士林	20
地蜡	38
羊毛脂	10
巴西棕榈蜡	5
白油	8
十八醇	10
角鲨烷	5
色素炭黑	10
斯盘-80	5
香精	0.01

《制备方法》

(1) 在三辊机里加入白油、角鲨烷、凡士林及色素炭黑，研磨制成均匀的颜料浆；

(2) 将其他原料放入锅内加热熔化，在搅拌下加入步骤（1）所述颜料浆，加入香精，充分搅匀，脱气后在热熔状态下浇入模子里制成笔芯。

《产品应用》

本品主要用作眉毛膏。

《产品特性》

本品由地蜡、凡士林、巴西棕榈蜡等与其他原料在热熔状态浇入模子制成笔芯，冷却后将笔芯装在细长的金属或塑料管内，使用时将笔芯推出即可，具有软硬适度、容易涂敷、使用时不断裂等特点。

配方 11　天然植物眼保健霜

表 1：生药浓缩液

原料	配比（质量份）		
	1#	2#	3#
人参	2.5	4	5
干地黄	7	9	5
麦冬	7	4	2.5
五味子	7	9	5
茺蔚子	7	9	5
楮实子	7	10	5
甘杞子	7	10	5
白芍	7	5	8.5
石斛	7	5	9
当归	7	5	9
女贞子	7	5	9
决明子	7	5	9
钩藤	7.5	5	9
菟丝子	6	5	9
去离子水	加至 100	加至 100	加至 100

表 2：天然植物眼保健霜

原料	配比（质量份）		
	1#	2#	3#
生药浓缩液	50	59.45	40
蜂蜜	5.4	7	4
三乙醇胺	10	0.5	1.9
对羟基苯甲酸甲酯	0.1	0.05	1.8
丙二醇	10	5	14
羊毛脂	5	8	3
硬脂酸	15	10	17
单硬脂酸甘油酯	2	2.9997	1
肉豆蔻醇	0.5	1	0.3
矿物油	8	5	11.9999
棕榈酸异丙酯	2.99998	1	5
麝香	0.00002	0.0003	0.00001

<< 制备方法 >>

（1）将人参、干地黄、麦冬、五味子、茺蔚子、楮实子、甘杞子、白芍、石斛、当归、女贞子、决明子、钩藤和菟丝子加去离子水浸泡 30min，煎煮 2 次，第一次加水量 12 倍，煎煮 1h，取煎煮液另放，第二次加水量 6 倍，煎煮 40min 过滤，合并 2 次滤液浓缩至上述各原料质量之和的 1.5～2.5 倍，加 2 倍于上述浓缩液质量的 95％乙醇，再将乙醇回收，加相当于浓缩液量 2％～3％的活性炭脱色，冷冻 24h 后，过滤，取滤液浓缩至制备生药浓缩液各原料质量之和的 1.5～2.5 倍，即得生药浓缩液。

（2）再按质量成分将生药浓缩液、蜂蜜、三乙醇胺、对羟基苯甲酸甲酯、丙二醇、羊毛脂、硬脂酸、单硬脂酸甘油酯、肉豆蔻醇、矿物油、棕榈酸异丙酯和麝香混合，得到天然植物眼保健霜产品。

<< 产品应用 >>

本品是一种防治近视眼的霜剂。

<< 产品特性 >>

本品能有效预防近视眼。

配方 12 添加珍珠水解液脂质体的眼霜

<< 原料配比 >>

原料	配比（质量份）	
	1#	2#
珍珠水解液脂质体	8.0	5.0
丁二醇	5.0	5.0
角鲨烷	2.0	3.0
鲸蜡硬脂醇	2.5	2.5
椰油基葡糖苷	4.0	2.0
碳酸二辛酯	3.5	4.0
霍霍巴油	2.0	2.5
聚二甲基硅氧烷	2.5	2.0
维生素 E	1.0	1.0
单硬脂酸甘油酯	1.5	1.0
丙烯酸（酯）类/VP 共聚物	1.0	0.7
PEG-100 硬脂酸酯	2.0	2.5
双咪唑烷基脲	0.5	0.5
咖啡因包裹物	1.0	1.0

续表

原料	配比（质量份）	
	1#	2#
透明质酸	0.2	0.1
红没药醇	0.1	0.2
香精	0.01	0.02
去离子水	63.19	66.98

《制备方法》

（1）按配方量取珍珠水解液脂质体、丁二醇、角鲨烷、鲸蜡硬脂醇、椰油基葡糖苷、碳酸二辛酯、霍霍巴油、聚二甲基硅氧烷、维生素E、单硬脂酸甘油酯、丙烯酸（酯）类/VP共聚物、PEG-100硬脂酸酯、双咪唑烷基脲、咖啡因包裹物、透明质酸、红没药醇、香精和去离子水。

（2）将角鲨烷、鲸蜡硬脂醇、椰油基葡糖苷、碳酸二辛酯、霍霍巴油、聚二甲基硅氧烷、单硬脂酸甘油酯、PEG-100硬脂酸酯混合搅拌并加热至70～85℃得到油相混合物；将丙烯酸（酯）类/VP共聚物用少量去离子水浸泡4～6h，然后与丁二醇以及剩余去离子水混合均匀并加热至70～85℃得到水相混合物。

（3）将油相混合物、维生素E加入水相混合物中高速乳化均质5～10min；冷却至40～60℃，加入双咪唑烷基脲、咖啡因包裹物、透明质酸、红没药醇、香精和珍珠水解液脂质体继续搅拌10～20min，出料得到在成品。

《产品应用》

本品主要用于缓解眼部疲劳、改善眼部肌肤的血液循环、促进新生细胞合成、提高眼部胶原蛋白和弹性纤维的含量。

《产品特性》

本品由于添加了珍珠水解液脂质体，有效利用珍珠中的有效成分和多种活性营养物质，达到对肌肤的整体调理和保养，增加眼部肌肤弹性，达到祛除眼部的黑眼圈、眼袋以及皱纹等美容效果。

配方 13 　维生素焕彩眼霜

《原料配比》

原料	配比（质量份）	
	1#	2#
卡波 U20	0.5	0.75
1,3-丁二醇	2.5	2.0

原料	配比（质量份）	
	1#	2#
透明质酸	2.0	2.0
海藻灵	3.0	3.0
维生素 B	3.0	3.0
焕彩粒子	0.5	0.35
去离子水	加至 100	加至 100

《制备方法》

（1）将增稠剂卡波 U20 慢慢溶于去离子水中，然后缓慢滴加 10％氢氧化钾溶液直至溶液 pH 值达到 6.5 且形成透明、黏稠适中的胶体体系；

（2）将保湿剂 1,3-丁二醇加入上述透明体系中，充分搅拌均匀，使其成为均一的透明体系，称为体系 1；

（3）将润肤剂透明质酸慢慢洒入磁力搅拌下的去离子水中，磁力搅拌机速度切不可过快，充分搅拌使其成为均一的胶体；

（4）将步骤（3）制备的透明质酸胶体加入体系 1 中，充分搅拌，使其形成均一的透明体系，称为体系 2；

（5）将生物活性成分海藻灵及维生素 B 慢慢加入体系 2 中，充分搅拌，形成均匀的体系，称为体系 3；

（6）将焕彩粒子撒在体系 3 表面，用搅拌机缓慢搅拌，使焕彩粒子均匀分散在体系中，最终制备出维生素焕彩眼霜。

《产品应用》

本品主要用于眼部肌肤，可改善干燥肌肤且减淡细纹。

《产品特性》

（1）原料选择合理，成本较为低廉。

（2）制作工艺简单，操作方便。

（3）水溶性体系设计，适合更多消费者使用。市面上大多数的眼霜都是乳化体系中的水包油设计，但是涂抹后普遍感觉较为黏腻并不舒服。而水溶性体系设计则避免了这一弊端，使得更多消费者适用。

（4）含有透明质酸，保湿、润肤效果显著。

（5）透明体系，给人清爽的感觉。

（6）新颖的分散均匀的悬浮焕彩粒子设计，使人眼前一亮。焕彩粒子不仅好看，更能有效滋润眼部幼嫩肌肤，更加凸显眼霜的效果。

（7）眼霜体系稠度适中，焕彩粒子均匀分散于体系中且没有沉降现象；实际使用于眼部肌肤后，改善了干燥肌肤且减淡了细纹。

配方 14　新型眼霜

原料	配比（质量份）
新鲜黄春菊	10～12
蜂蜜	10～12
蜂王浆	5～7
茉莉精油	5～7
溶剂	62～70

◀ 制备方法 ▶

黄春菊液的制备：

（1）预处理　用0.1％的 TD 粉水溶液将精选后的新鲜黄春菊浸泡5～8min 后清水漂净，进行清洗。

（2）打浆　将经过预处理的黄春菊通过打浆机进行打浆，并滤除过粗纤维，得到黄春菊浆备用。

（3）蒸馏　将打好的黄春菊浆放入小型蒸馏设备，保持一定的回流比，直到浆液近于蒸干得到纯净的黄春菊液。

眼霜的制备：

（1）净化　将蜂蜜和蜂王浆加热至80℃，除掉其中的细菌。并冷至常温。

（2）加热溶剂　将溶剂加热至40℃。

（3）混合　首先将黄春菊加入40℃的溶剂中，以搅拌机搅拌3min，使其充分溶解。然后依次加入净化完毕的蜂王浆和蜂蜜及茉莉精油。

◀ 产品应用 ▶

本品是纯天然的生化产品，能有效消除黑眼圈及眼袋，收紧皮肤，延缓眼部皮肤皱纹的产生。

◀ 产品特性 ▶

产品呈可流动胶状，为眼部皮肤提供营养的同时，有效收紧眼部皮肤，促进血液循环，淡化黑眼圈，使眼部皮肤光亮，不含酒精或任何刺激性有害因子，是可以完全放心使用的化妆品。

配方 15　眼疲劳保健霜

‹原料配比›

原料	配比（质量份）						
	1#	2#	3#	4#	5#	6#	7#
十八醇	3	10	12	3	3	10	12
甘油	8	10	12	8	8	10	12
单硬脂酸甘油酯	3	4	6	3	3	4	6
化妆级白油	6	8	10	6	6	8	10
蒸馏水	69	54.5	44	40	69	54.5	44
五味子	5	5	5	3	5	3	1
菊花	1	3	5	1	—	1	—
月季花	1	—	5	1	—	1	—
川芎	5	5	5	3	4	3	1
五灵脂	—	5	5	3	4	3	—
丹参	5	—	—	—	—	—	—
当归	1	1	1	3	—	—	1
黄芪	5	5	3	2	4	3	1
党参	—	—	2	—	—	—	2
太子参	—	—	—	1	—	—	—
尼泊金甲酯	0	0.5	0	5	0	0.2	0
尼泊金乙酯	0.3	0.5	0.3	—	0.3	0.5	0.3
乳化剂 K12	1	2	1	5	1	2	1
维生素 E	1	2	1	5	1	2	1
月桂氮酮	0.5	1	5	0.5	0.5	1	0.5
二氧化钛	0.5	0.5	0.5	5	0.5	0.5	0.5
香精	0.5	1	0.5	2	0.5	1	0.5
中药提取液	—	6	12	8	—	6	12

‹制备方法›

（1）原料基质配制　先将十八醇、单硬脂酸甘油酯、甘油、化妆级白油、蒸馏水进行称量后，装入搅拌反应釜，升温到 50～100℃，乳化 1～3h。

（2）中药有效成分提取　将上述各种中药成分按要求选取后，配比，用有机溶剂如乙醇、丁醇提取浓缩成中药提取液。

（3）混合乳化　在乳化原料基质中，加入步骤（2）中提取的中药提取液，再加入防腐剂、皮肤渗透剂等上述添加剂后，充分搅拌到 40～70℃时，再加香精，继续搅拌到出料。

（4）抽样测试和分装　将膏状霜体进行取样化验，按产品标准测试合格，分装进库。

《产品应用》

本品是一种化妆保健品，是电脑眼疲劳症患者的理想保健卫生化妆用品。

《产品特性》

本保健霜在实践试用中表明对电脑眼病综合征，如头昏眼花，视线模糊，眼睛干涩、痛胀具有显著疗效。

配方 16　眼霜

《原料配比》

原料	配比（质量份）					
	1#	2#	3#	4#	5#	6#
去离子水	470	500	700	605.4	585.5	520.6
EDTA-2Na	0.1	0.5	0.4	1	0.3	0.8
丙二醇	70	72	75	73	60	45
聚山梨醇酯-60	5	10	15	12	8	4
羟苯甲酯	1	3	4	0.2	2	5
聚二甲基硅氧烷	18	20	25	28	32	35
鲸蜡硬脂醇	12	20	40	10	15	30
矿脂（白凡士林）	40	45	42	30	20	35
硬脂酸甘油酯	25	20	15	22	18	8
环聚二甲基硅氧烷	70	80	120	110	105	95
羟苯甲酯	0.05	1	0.1	1.5	1.2	0.5
碳酸锌氢氧化物	0.1	0.15	0.05	2	0.25	0.2
珍珠	8.8	10.2	16	9.5	6	7.8
硼砂	0.5	0.2	0.8	1.2	1	1.5
甘油	64	60	55	42	53	45
聚丙烯酰胺	10	15.8	18.9	25.8	20.5	30
柠檬酸	3	1	5	8	14	10

原料	配比（质量份）					
	1#	2#	3#	4#	5#	6#
维生素 E	15	18	10	22	25	19
麝香酮	0.01	0.02	0.05	0.04	0.016	0.024
冰片	1.25	0.2	1	3	2	2.5
眼围合剂 338Y324（市售）	40	48	50	60	90	80
DMDM 乙内酰脲（SOG）	1	1.5	4	3	2	3.5
香精	0.8	1.8	1.0	0.6	2	1.5
聚山梨醇酯-20	5	2	3.5	1	6	6.5

原料	配比（质量份）				
	7#	8#	9#	10#	11#
去离子水	600	640.5	510.6	535.3	600
EDTA-2Na	0.6	0.7	0.9	0.2	—
丙二醇	65	74	50	55	60
聚山梨醇酯-60	1	2	6	3	—
羟苯甲酯	10	6	8	0.5	—
聚二甲基硅氧烷	30	35	40	38	—
鲸蜡硬脂醇	25	28	22	45	30
矿脂（白凡士林）	32	22	25	28	30
硬脂酸甘油酯	10	12	6	14	15
环聚二甲基硅氧烷	85	90	88	115	—
羟苯甲酯	0.8	2	1.8	0.6	—
碳酸锌氢氧化物	1.5	1	0.5	0.8	1
珍珠	2	5.5	9	12.5	10
硼砂	1.8	2	1.6	0.9	0.5
甘油	40	48	58	50	50
聚丙烯酰胺	9.8	7	8.6	12.5	20
柠檬酸	12	6	7	9	—
维生素 E	20	26	28	16	20
麝香酮	0.005	0.03	0.025	0.018	0.01
冰片	1.8	1.5	0.5	0.8	1
眼围合剂 338Y324（市售）	65	70	82	30	50
DMDM 乙内酰脲（SOG）	2.8	1.8	2.5	5	—
香精	2.2	3	2.5	2.8	—
聚山梨醇酯-20	7.5	5.5	4.5	8	—

《制备方法》

（1）分别将珍珠、硼砂粉碎，过 100 目筛后，与碳酸锌氢氧化物混合，研磨，过 160 目筛，混合药粉气流粉碎至 200 目；

（2）将步骤（1）得到的混合药粉与甘油均质，混合均匀；

（3）取所述量去离子水、40～60 质量份的丙二醇依次加入均质锅，分散均匀，加热至 78℃，保温待用；

（4）取所述量的鲸蜡硬脂醇、白凡士林、硬脂酸甘油酯依次加入油锅，加热至 78℃，并将步骤（2）所得混合物加入其中，分散均匀；

（5）将步骤（4）所得混合物加入步骤（3）所得混合物中，进行均质，混合均匀，降温；

（6）步骤（5）得到的混合物降温至 70℃ 时，将所述量的聚丙烯酰胺加入其中，抽真空，均质搅拌均匀，降温；

（7）步骤（6）得到的混合物降温至 50℃，依次加入所述量的维生素 E、麝香酮、冰片的丙二醇溶液和眼围合剂 338Y324，均质搅拌均匀，其中，所述冰片的丙二醇溶液为将所述量冰片溶在 5～15 份丙二醇中的溶液；

（8）加入剩余的其他原料，混合均匀，将混合物降温至 37～38℃，搅拌均匀。

《产品应用》

本品是一种眼霜。

《产品特性》

本品有较强的补充水分能力和持续的锁水效果、较好的抑制黑色素能力和提高皮肤亮度能力，同时具有较好的改善皮肤纹理及延缓皮肤衰老的效果。

配方 17　祛除黑眼圈眼霜

《原料配比》

	原料	配比（质量份）
A 相	硬脂酸	2.0
	S2 型鲸蜡硬脂醇醚	0.29
	S21 型鲸蜡硬脂醇醚	0.49
	十六醇	5.0
	白油	8.8
	DC200 型硅油	0.7
	维生素 E	0.5

原料		配比（质量份）
B相	纯天麻粉	1.0
	珍珠粉	1.0
	对羟基苯甲酸甲酯	0.025
	对羟基苯甲酸丙酯	0.025
	三乙醇胺	0.2
	去离子水	100
香精		0.01

《制备方法》

（1）按照配方，分别将 A 相、B 相的各种原料混合均匀；

（2）之后将 A 相和 B 相分别加热到 75～80℃；

（3）接着把 B 相加入 A 相，充分搅拌至温度冷至 45℃，物料整体乳化；

（4）再加入香精 0.01 份，并继续搅拌至室温，分装成盒，15g/盒，即得眼霜产品；

（5）经检验所得眼霜产品，合格品包装入库。

《产品应用》

本品是一种眼霜。使用时取少许眼霜均匀涂抹于眼圈部位，每日多次。

《产品特性》

本品具有改善眼部血液循环、消除黑眼圈的作用，适用于青少年和中老年患黑眼圈的人群。

配方 18 用于护理眼周皮肤的海洋生物功能化妆品

《原料配比》

原料		配比（质量份）									
		1#	2#	3#	4#	5#	6#	7#	8#	9#	10#
A相	卡波姆	0.2	0.1	—	0.2	—	0.2	0.1	—	0.2	—
	汉生胶	—	—	0.4	—	—	—	—	0.4	—	—
	丙烯酸酯/C_{10}～C_{30}烷基丙烯酸酯交联聚合物	—	—	0.6	0.6	—	—	—	0.6	0.6	—
	EDTA-2Na	—	—	0.1	—	—	—	—	0.1	—	—
	甘油	4	5	0.5	5	5	4	5	5	5	5

续表

原料		配比（质量份）									
		1#	2#	3#	4#	5#	6#	7#	8#	9#	10#
A相	丙二醇	3	3	5	3	3	3	3	5	3	3
	丁二醇	—	—	5	—	2	—	—	5	—	2
	去离子水	42.6	53.8	38.5	45	50	44.7	62.4	38.5	45	50
B相	鲸蜡硬脂醇醚-2	1.5	1.2	—	—	—	1.5	1.2	—	—	—
	鲸蜡硬脂醇醚-21	2	1.5	—	—	—	2	1.5	—	—	—
	霍霍巴油	3	—	—	—	—	3	—	—	—	—
	鲸蜡硬脂醇	2	—	—	—	—	2	—	—	—	—
	单硬脂酸甘油酯	1	—	—	—	—	1	—	—	—	—
	氢化聚异丁烯	—	3	—	—	—	—	3	—	—	—
	辛酸/癸酸甘油三酸酯	4	3	—	—	—	4	3	—	—	—
	棕榈酸乙基己酯	3	3	—	—	—	3	3	—	—	—
	聚二甲基硅氧烷	2	2	—	—	—	2	2	—	—	—
	十四酸异丙酯	3	—	—	—	—	3	—	—	—	—
	羟苯乙酯	0.1	0.1	—	—	—	0.1	0.1	—	—	—
C相/B相	波纹巴非蛤活性肽	6	—	—	—	—	6	—	—	—	—
	海蚬活性肽	—	2	—	—	—	—	2	—	—	—
	牡蛎活性肽	—	—	—	—	0.05	—	—	—	—	0.05
	珍珠贝活性肽	—	—	0.2	—	0.05	—	—	0.2	—	0.05
	扇贝活性肽	—	—	0.3	—	—	—	—	0.3	—	—
	鳕鱼皮胶原蛋白肽	3	—	10	—	0.02	3	—	10	—	0.02
	鲨鱼皮胶原蛋白肽	—	6	—	—	—	—	6	—	—	—
	鱿鱼皮胶原蛋白肽	—	—	—	—	0.08	—	—	—	—	—
	贻贝活性肽	—	—	—	10	—	—	—	—	3	—
	海参胶原蛋白肽	—	—	—	0.5	—	—	—	—	2.8	—
	异枝麒麟菜多糖	—	0.2	—	—	—	—	0.2	—	—	—
	马尾藻多糖	—	—	1	—	—	—	—	1	—	—
	珍珠菜多糖	—	—	2	—	—	—	—	2	—	—
	石花菜多糖	—	—	2	—	—	—	—	2	—	—
	羊栖菜多糖	—	0.3	—	—	—	—	0.3	—	—	—
	海蒿子多糖	—	—	—	—	0.02	—	—	—	—	0.02
	裙带菜多糖	—	—	—	—	0.03	—	—	—	—	0.03

原料		配比（质量份）									
		1#	2#	3#	4#	5#	6#	7#	8#	9#	10#
C相/B相	紫菜多糖	—	—	0.1	—	—	—	—	—	0.5	—
	鲟鱼硫酸软骨素	—	1	—	—	—	—	1	—	—	—
	鲛鳒鱼硫酸软骨素	—	—	—	—	0.01	—	—	—	—	0.01
	褐藻酸钠	1	—	—	—	—	1	—	—	—	—
	鲨鱼硫酸软骨素	0.2	—	1	—	—	0.2	—	1	—	—
	罗非鱼硫酸软骨素	—	—	1	—	—	—	—	1	—	—
	海参硫酸软骨素	—	—	—	0.02	—	—	—	—	0.5	—
	鱿鱼硫酸软骨素	—	—	—	0.03	—	—	—	—	0.5	—
	速溶珍珠粉	15	—	0.3	—	—	15	—	0.3	1	—
	水溶性珍珠粉	—	5	—	0.6	—	—	—	—	—	—
	超细珍珠粉	—	—	0.2	0.4	—	—	—	0.2	1.7	—
	珍珠水解液脂质体	—	—	—	—	0.2	—	—	—	—	0.2
	尿囊素	0.1	0.6	0.3	0.05	0.2	—	—	—	—	—
	维生素C磷酸酯镁	0.5	2	5	1	0.1	—	—	—	—	—
	辅酶Q10	0.5	1	0.2	0.01	—	—	—	—	—	—
	维生素E乙酸酯	1	5	0.5	2	0.1	—	—	—	—	—
	去离子水	—	—	20	30	37.83	—	—	—	34.8	38.24
D相/C相	氮酮/PEG40 氢化蓖麻油	1	1	1	1	1	1	1	1	1	1
	三乙醇胺	0.2	0.1	0.2	0.3	0.2	0.2	0.1	0.2	0.3	0.2
	苯氧乙醇/羟苯甲酯/羟苯丁酯/羟苯乙酯/羟苯丙酯/羟苯异丁酯	0.1	0.1	0.1	0.1	0.1	0.1	0.1	0.1	0.1	0.1
	香精	—	—	0.1	—	—	—	—	0.1	—	—

注：上述实例中如果没有B相中的物质，那么下面的C相相当于B相，D相相当于C相。

◁**制备方法**▷

（1）所述的海洋贝类活性肽通过含如下工序的方法制备获得：将海洋贝肉经蛋白酶酶解后，再经3000Da超滤膜超滤即得。

（2）分别加热A相和B相到80℃，搅拌下将B相加入A相中。搅拌冷却至45℃，将C相加入A相、B相的混合物中，搅拌混合10min后，加入D相，混合均匀制得用于护理眼周皮肤的海洋生物功能化妆品。

《产品应用》

本品是一种用于护理眼周皮肤的海洋生物功能化妆品。

《产品特性》

(1) 针对眼周皮肤特殊的生理学构造及其对化妆品所用成分的敏感性，本品中的海洋生物功能化妆品选用了纯天然的海洋生物提取物为主要原料，其海洋生物活性物质能迅速被皮肤吸收，安全、温和，不引起皮肤过敏，也不会给皮肤带来任何负担；

(2) 本品海洋生物功能化妆品从补水保湿、促进胶原蛋白和弹性纤维合成、促进淋巴系统和血管微循环、促进皮肤细胞新陈代谢、抑制并消除色素沉着、抵御紫外线和电磁辐射、清除自由基等多方面发挥作用，有效缓解并全面改善色素型和血管型黑眼圈，眼部浮肿，因眼部松弛或疲劳而形成的眼袋、眼周干纹、细纹、鱼尾纹和表情纹等多种眼周皮肤问题，由内而外地使眼周皮肤变得更为紧致、富有弹性，让人容光焕发、青春永驻；

(3) 本品利用海洋生物活性物质与其他活性物质间的稳定化协同作用，使本品中的海洋生物功能化妆品护理眼周皮肤效果得到了显著增强；

(4) 本品中的海洋生物功能化妆品品种多样，适用于不同性别、年龄和肤质的人群，尤其适用于有黑眼圈、眼纹、眼袋、浮肿等眼周皮肤问题困扰的爱美人士，可用作护理眼周皮肤的普通护肤品或功能化妆品；同样也可作为其他身体部位的护理用品。

配方 19　用于消除眼部假性皱纹的乳霜制剂

《原料配比》

原料	配比（质量份）
水	69.1
丙二醇	8
硬脂醇	5
聚山梨醇酯-60	4
硬脂酸甘油酯	4
山梨醇酐单硬脂酸酯	3
维生素 E	2
二棕榈酰羟脯氨酸	2
霍霍巴油	1
薰衣草油	0.1

续表

原料	配比（质量份）
辅酶 Q10	0.5
尿囊素	0.3
极大螺旋藻提取物	0.5
双（羟甲基）咪唑烷基脲	0.5

《制备方法》

（1）预分散　将 0.5 份辅酶 Q10 加入 3 份的丙二醇，搅拌溶解备用。

（2）油相物料处理　将 5 份硬脂醇、4 份聚山梨醇酯-60、4 份硬脂酸甘油酯、3 份山梨醇酐单硬脂酸酯混合加热至 80～85℃，保温 30min 后，加入 2 份二棕榈酰羟脯氨酸、1 份霍霍巴油和 2 份维生素 E。

（3）水相物料处理　将 69.1 份水、另外 3 份丙二醇混合加热至 90℃，保温 30min 后，加入 0.3 份尿囊素。

（4）将水相物料与油相物料混合，均质 15min，开始降温。

（5）温度降至 43℃时，加入 0.5 份极大螺旋藻提取物，0.5 份双（羟甲基）咪唑烷基脲、0.1 份薰衣草油和预分散物料，搅拌均匀。

（6）温度降至 38℃时可以出料，得本品即用于消除眼部假性皱纹的乳霜制剂。

《产品应用》

本品是一种用于消除眼部假性皱纹的乳霜制剂。

《产品特性》

本品是一种用于消除眼部假性皱纹的乳霜制剂，通过皮肤渗透提高眼部肌肤的抗氧化能力，补充所需营养成分，从而消除假性皱纹。

配方20　有祛纹、祛眼袋及祛黑眼圈的多功能眼霜

《原料配比》

原料		配比（质量份）				
		1#	2#	3#	4#	5#
A	去离子水	56	57.5	57.5	57.5	56.5
	甘油	8	8	9.5	9	9
	啤酒酵母菌提取物	4	3.5	3	3	3
	苦橙花提取物	3.5	3	2.5	2.5	2.5
	甜扁桃籽提取物	3	2.5	2	2	2
	氯化钠	0.5	0.5	0.5	0.5	0.5

原料		配比（质量份）				
		1#	2#	3#	4#	5#
B	环聚二甲基硅氧烷	18	18	18	18	18
	聚二甲基硅氧烷交联聚合物	5	5	5	5	6
	聚硅氧烷-13	1.5	1.5	1.5	2	2
	红没药醇	0.2	0.2	0.2	0.2	0.2
C	防腐剂	0.2	0.2	0.2	0.2	0.1
	香精	0.1	0.1	0.1	0.1	0.1

◀制备方法▶

（1）将以质量份数计，含去离子水 56～60 份、甘油 8～12 份、甜扁桃籽提取物 2～4 份、苦橙花提取物 2～4 份、啤酒酵母菌提取物 2～4 份及氯化钠 0.4～1 份的 A 组分，和含环聚二甲基硅氧烷 18～20 份、聚二甲基硅氧烷交联聚合物 5～7 份、聚硅氧烷-13 1.5～2.5 份及红没药醇 0.1～0.3 份的 B 组分分别加热至 75～80℃使全部溶解；

（2）将 A 组分所形成的混合溶液缓慢加入搅拌状态的 B 组分混合溶液中，并使其形成均质状态；

（3）保温消泡 20～30min 后，将其降温至 35～40℃；

（4）再加入以质量份数计，含防腐剂 0.1～0.3 份及香精 0.1～0.3 份的 C 组分，使其均质，并将其搅拌使降温到 30～35℃出料。

◀产品应用▶

本品是一种有祛纹、祛眼袋及祛黑眼圈的多功能眼霜。

◀产品特性▶

本品祛纹、祛眼袋、祛黑眼圈效果明显。

配方 21　植物眼霜功能液

◀原料配比▶

原料	配比（质量份）		
	1#	2#	3#
赤芍	18	17	19
桑皮	9	10	8

原料	配比（质量份）		
	1#	2#	3#
菊花	15	14	15
益母草	11	11	11
枸杞	17	18	17
川芎	10	10	11
牡丹皮	7	7	7
香附	8	9	18
人参	5	4	4

◀制备方法▶

（1）将实例中的组分配比后，进行水煎；其中，水煎1～2次；每次水煎加水在3～6倍，时间在15～25min，温度控制在90℃左右；

（2）通过澄清、过滤，即得本品。

◀产品应用▶

本品是一种从中药中提取的植物眼霜功能液。

◀产品特性▶

本品没有添加任何化工添加剂，使用的是纯天然提取物，其效果完全依靠中药的提取物来实现，而且天然提取物依据中医配方进行混合提取，真正体现了中药配伍使用的特点。

本品中的中药成分能够被皮肤有效吸收，这些有效成分能够被人体不同的组织吸收利用，从而综合调节人体微环境，改善人体内部微循环，调节人体内分泌系统，能够有效改善眼部皮肤。

配方 22　奥斯曼眼部化妆品

◀原料配比▶

原料	配比（质量份）		
	1#	2#	3#
奥斯曼（菘蓝）鲜叶	40	50	60
黑种草籽	5	7	10
诃子	5	10	15

续表

原料	配比（质量份）		
	1#	2#	3#
侧柏叶	10	13	15
何首乌	10	13	15
阿拉伯树胶	1	2	3
尼泊金乙酯	0.05	0.15	0.25
透明质酸	2	5	7
群青	3	5	7
医用乙醇（95%）	35	40	45
蒸馏水	加至 100	加至 100	加至 100

《制备方法》

1. 液体的制备：

（1）首先将奥斯曼（菘蓝）鲜叶打成泥浆，除叶渣，经过挤压即得叶汁。

（2）将黑种草籽、诃子、侧柏叶、何首乌四味药粉碎过筛，充分混匀，加入蒸馏水用文火加热 2h 后抽滤即得滤液；将剩余药渣加入蒸馏水用文火加热 1.5h 后抽滤即得滤液；再将其剩余药渣用同样方法制得滤液；然后将三次滤液混匀，进行减压浓缩后加入阿拉伯树胶即得提取液。

（3）将步骤（1）所得叶汁与步骤（2）所得提取液充分混合均匀，加入防腐剂尼泊金乙酯、保湿剂透明质酸、群青，充分混匀，加入医用乙醇（95%）在 5℃静置 2 天后进行离心，约 15min 即得产品。

液体眉笔可采用自来水软笔的方式，将眉笔液体灌入自来水软笔中使用。

2. 膏体的制备：将奥斯曼（菘蓝）叶汁与黑种草籽、诃子、侧柏叶、何首乌四味药三次提取液充分混合均匀，再进行减压浓缩成膏状，加入眼线笔基质中，按常规眼线笔的压制方法制成硬眼线笔。

《产品应用》

本品含有促进眉毛发育的天然鞣酸活性成分，能够弥补毛囊细胞中 SOD 的不足，长期使用有助于眉毛生长。

《产品特性》

本品配方科学，工艺简单，适合工业化生产，产品包括液体眉笔和硬眼线笔，可满足不同使用要求，效果理想。

配方 23　天然美眉化妆品

《原料配比》

原料	配比（质量份）		
	1#	2#	3#
大青叶酶解发酵乳	60.3	60.5	59.8
羊胆汁	18	20	22
羊脂	20	17	15
花椒油	—	1.5	2
大蒜汁	0.5	0.8	1
尼泊金酯	0.2	0.2	0.2

注：1#适用于干性皮肤；2#适用于中性皮肤；3#适用于油性皮肤。

《制备方法》

（1）精选新鲜的大青叶用清水洗净，用0.005%的高锰酸钾溶液浸泡消毒20min，捞出洗净，晾至叶表面无水分、叶表面微蔫后投入食品榨汁机中榨汁，将榨出的汁液用双层消毒纱布过滤去渣；

（2）将上述滤液盛入无菌陶器盆内，放入发酵室内发酵，在发酵室内，用紫外线灯直接照射过滤液液面，每隔4h照射30min，温度在25～35℃，发酵时间为48h，滤液发酵成乳状；

（3）将羊脂与花椒油投入炼锅内共煎，加热至200～250℃，保温10min，至羊脂中的膻味除净，晾至70℃，盛入（70±5）℃的水浴搅拌锅内，再加入过滤的新鲜羊胆汁高速搅拌20min，再加入大青叶酶解发酵乳，于（70±5）℃下搅拌20min，将混合液晾至25℃，再加入过滤后的大蒜汁和尼泊金酯，继续搅拌5min，停止搅拌自然冷却即得成品（如果想得到其他香味可加入适量其他植物香料）。

《产品应用》

本品具有染眉、养眉、生眉功能，干性、中性、油性皮肤均适用。

《产品特性》

本品原料易得，配比科学，经特定工艺精细加工，保全了营养成分；采用植物和尼泊金双重防腐，保存期限长；具有天然化、营养化、疗效化特点，效果理想。

配方24 浓眉化妆品（一）

原料	配比（质量份）		
	1#	2#	3#
乌斯曼红花油提取液	30	49	60
乌斯曼汁	57	适量	30
胱氨酸	0.5	0.4	0.4
吐温-80	1	1	1
斯盘-20	1	1	1
脂肪酸蔗糖酯	1	1	1
三乙醇胺	5	—	—
CMC-Na	0.2	0.2	0.2
甘油	5	5	5
氮酮	—	1	1
尼泊金乙酯	0.2	0.2	0.2
色素	1	1	1
抗氧化剂（水性）	0.2	0.2	0.2
香精	适量	适量	适量
红花油	适量	适量	适量

◀制备方法▶

（1）取新鲜乌斯曼的叶子净选、消毒、清洗、晾干，用高速组织捣碎机捣碎，过滤取汁；

（2）将过滤后叶渣挤尽水分，加入2倍量的红花油，水浴煮沸0.5h，过滤去渣，将滤液中加入脂肪酸蔗糖酯、斯盘-20、氮酮、抗氧化剂搅拌溶解，温度保持在80℃；

（3）取步骤（1）所得乌斯曼汁，在水浴中煮沸（温度100℃）5min，加入吐温-80、甘油、抗氧化剂（水性）、色素、CMC-Na、胱氨酸、三乙醇胺、尼泊金乙酯，搅拌溶解，温度保持在80℃；

（4）将步骤（2）、（3）所得液体倒入高速组织捣碎机中取慢速乳化2min，待温度降至40℃，加入香精即可。

本品在工艺上要注意以下两点：

（1）乳化速度　搅拌器的转速要达到2000r/min以上，这样形成的乳剂油滴小而均匀，稳定性好，若采用胶体磨效果更佳；

（2）乳化时间　以 2min 为宜，乳化完全，成品稳定。时间过长会使小油滴重新聚集，形成大颗粒，稳定性下降；时间过短则乳化不完全，稳定性亦差。

《产品应用》

本品具有染眉、生眉、养眉等多种功能。

《产品特性》

本品原料易得，配比科学，采用独特工艺精细加工而成，使用效果理想，无任何毒性及不良反应，安全可靠。

本品是水包油型的乳浊剂，采用这种剂型有以下优点：

（1）涂展性好，利于皮肤吸收　克服了眉笔的机械摩擦作用和固体药剂不易吸收的缺点，防止脱眉，有利于营养的吸收。

（2）光泽好　大多数的染眉剂都是以水和醇为溶剂的，不含油，故染出的毛发没有光亮度，而本品含有油，可使眉毛具有适宜的光泽度。

（3）保护毛发　不含水的毛发化妆品，对于毛发的柔软和防止断裂起不到任何作用，可是含水分多又容易蒸发。本品是水包油型乳浊液，它的外相水分容易被毛发吸收，破乳后形成油层薄膜，残留于毛发上可起到保持毛发水分的作用。

配方 25　浓眉化妆品（二）

《原料配比》

原料	配比（质量份）	
	1#	2#
侧柏叶	5	5.4
仙人掌	1.7	1.8
旱莲草	0.8	1
香附	0.8	1
柳叶柳根	0.8	1
骨碎补	5	5.4
豆斑蝥	0.1	0.2
朝天椒	0.1	0.2
昨叶何草	1.7	1.8
雷锁辛	0.05	0.1
奎宁粉末	0.05	0.1
红花	1.9	2.1

原料	配比（质量份）	
	1#	2#
浓度75%的乙醇	82	79.9
香精	适量	适量

《制备方法》

(1) 精选原料，清洗、干燥、粉碎，将粉碎的原料分别用 60 目筛或更细的筛过筛；

(2) 将侧柏叶、仙人掌、旱莲草、香附、柳叶柳根、骨碎补、豆斑蝥、朝天椒、昨叶何草、红花匀拌到浓度 75%的乙醇中，置入密闭容器，定时搅拌（如两天搅拌一次），7～10 天提取上清液；

(3) 将雷锁辛、奎宁粉末拌入上清液中，加入香精适量，最后检验包装。

《产品应用》

本品用于眉毛美容，尤其适用于黄稀眉的根治和脱眉的再生。

使用方法：用市售鲜姜沾本品擦洗生眉部位 1～2min，每日 3～5 次。连续使用 6～9 天，黄稀眉变为棕黑，15 天左右可见新眉明显长出，25 天左右，眉毛全部变黑变浓。

《产品特性》

本品原料来源广泛，工艺简单，成本低廉，市场前景广阔；产品使用方便，效果理想，用后不会引起皮肤粗糙、无光泽和瘙痒状况，也不会导致局部皮肤病变。

配方 26　眼睑涂抹剂

《原料配比》

原料	配比（质量份）
清凉剂	0.2
中草药提取液	10
膏霜（或露）基质	加至 100

《制备方法》

(1) 清凉剂由薄荷油（或薄荷脑）10g、龙脑（或樟脑）2g，加 20g 吐温-80，溶解于乙醇，定容 100mL；或取薄荷脑 10g 溶于乙醇，定容 100mL。

（2）中草药提取液由丹参、降香、夏天无（或粉防己）各 200g，加水 4000mL，浸泡 12h 后，煮沸提取 3h，过滤，滤渣加水 3000mL 煮沸提取 2h，过滤；合并两次滤液，浓缩至 100mL，加乙醇 250mL，静置 12h；过滤，浓缩至 100mL。

（3）膏霜（或露）基质可以选用无刺激性的 O/W 型基质等。

（4）将清凉剂、中草药提取液加入基质中，混合均匀，调香，得半成品，将半成品分装、化验合格，即为成品。

《产品应用》

本品涂抹于上、下眼睑时，可消除眼睛疲劳、改善眼部微循环、调节眼球睫状肌、补充水分，从而改善视力、祛除眼袋、消除黑眼圈和眼角皱纹。

《产品特性》

本品原料易得，配比科学，工艺简单，使用方便，效果显著，效力持续时间长，易于携带。

配方 27　祛除眼袋药物

《原料配比》

原料	配比（质量份）
苦参	10
黄柏	10
冬虫夏草	10
黄芩	5
栗扶	5
五倍子	10
虎杖	5

《制备方法》

将原料经过清洗，在常温下烘干、粉碎，过筛成 80～100 目粒，放入盘中用水调拌成面糊状，加温至 70～90℃即可。

《产品应用》

本品用于祛除眼袋。

使用方法：将调制好的药物敷在眼袋处，每次敷 15～20min，每 15 天为一疗程。

《产品特性》

本品药源广泛，配方科学，工艺简单易行，使用方便，效果显著。

配方 28　祛皱眼膜

《原料配比》

原料	配比（质量份）	
	1#	2#
甘油	4	2
透明质酸	0.13	0.1
卡波 940	0.17	—
卡波 941	—	0.1
D-葡聚糖	1	0.3
水解小麦蛋白	1	0.3
半乳甘露聚糖	2	1.2
羟基苯甲酸甲酯	0.2	0.1
蒸馏水	91.3	95.8
三乙醇胺	适量	适量
香精	0.2	0.1

注：1#产品适用于眼皱较深者；2#产品适用于眼皱较浅者。

《制备方法》

（1）将甘油、透明质酸、卡波（提前溶解好）、D-葡聚糖、水解小麦蛋白、半乳甘露聚糖、羟基苯甲酸甲酯依次加入蒸馏水中，充分搅拌均匀后，用三乙醇胺调节 pH 值至 6.5，再加入香精混合均匀；

（2）将上述溶液注入已消毒后装有眼膜纸的袋中，用封口机封好即为成品。

《产品应用》

本品配合祛皱眼霜使用，可快速祛除皱纹，并使皮肤干爽、光滑，一般 7～20 天可见到明显效果。

《产品特性》

本品原料易得，配比及工艺科学合理，成本较低，适合工业化生产，市场前景广阔。

产品所含水解小麦蛋白、半乳甘露聚糖是从植物原料提取的活性除皱成分，该成分与皮肤中的黏多糖具有极佳的亲和性，其作用效果持久，可以和迄今为止已知效果最强的球蛋白相媲美，并消除了球蛋白应用时黏腻、粗糙的感觉；由于加入 D-葡聚糖保湿剂，应用于皮肤表面时，不仅可以防止皮肤水分散失，还能够从外界环境中吸收水分，有利于水性活性物质向皮肤渗透，见效快，效果理想。

配方29　祛皱眼霜

《原料配比》

原料		配比（质量份）		
		1#	2#	3#
油相	霍霍巴油	5	4	3
	橄榄油	1	0.7	0.5
	合成角鲨烷	2	1.5	1
	维生素E油	1	0.7	0.2
	乳木果油	2	1.5	1
	十八醇	2.5	1.5	1.2
	单硬脂酸甘油酯	1.5	1.3	1
	羟基苯甲酸丙酯	0.2	0.15	0.1
	甲基葡萄糖苷倍半硬脂酸酯	1.2	1.1	1
	原料①	1.8	1.4	1
水相	甘油	2	1.5	1
	卡波940	0.2	0.15	—
	卡波941	—	—	0.1
	羟基苯甲酸甲酯	0.2	0.15	0.1
	蒸馏水	75.2	81.6	87.5
D-葡聚糖		1	0.7	0.5
水解小麦蛋白		1	0.7	0.3
半乳甘露聚糖		2	1.2	0.4
香精		0.2	0.15	0.1

注：原料①是指甲基葡萄糖苷聚乙二醇-20醚半硬脂酸酯。1#适用于眼皱较深者；2#适用于眼皱较浅者；3#适用于日常皮肤护理。

《制备方法》

（1）称取油相原料混合后加热至75℃搅拌溶解；

（2）称取水相原料甘油、卡波、羟基苯甲酸甲酯、蒸馏水混合后加热至75℃搅拌均匀；

（3）将水相（2）倒入油相（1）中，缓慢搅拌冷却到30℃，加入D-葡聚糖、水解小麦蛋白、半乳甘露聚糖，用三乙醇胺调节pH值至6.5，再加入香精，在均质器中研合 3min 后出料。

《产品应用》

本品能够迅速祛除眼部皱纹，同时具有保湿、平滑肌肤的功效。

《产品特性》

本品设备投资少，工艺简单，适合工业化生产。

水解小麦蛋白、半乳甘露聚糖是从植物原料中提取的活性除皱成分，该成分与皮肤中的黏多糖具有极佳的亲和性，作用迅速，效果持久，可以和效果最强的球蛋白相媲美，并消除球蛋白应用时的黏腻、粗糙感觉；由于加入 D-葡聚糖保湿剂，应用于皮肤表面时，能够立刻同皮肤角质层赖氨酸的 ε-氨基酸官能团相结合，不仅防止皮肤水分散失，还能够从外界环境中吸水，动态维持皮肤水平衡，达到理想的美容祛皱效果。

配方 30 祛皱眼贴

《原料配比》

原料	配比（质量份）		
	1#	2#	3#
芦荟浓缩原汁	350	370	350
杏仁	340	370	360
玉竹	290	320	290
胶原蛋白水解液	80	120	100
玫瑰	380	420	410
甘草酸二钾	16	17	15
羧甲基纤维素钠	55	47	51
水溶性氮酮	120	110	105
防腐剂	16	17	16
水	8353	8209	8303

《制备方法》

(1) 经厂检合格的玫瑰、杏仁、玉竹药材，净制后备用；

(2) 称取以上玫瑰、杏仁、玉竹各味药材，加水煎煮两次，溶剂倍数分别为 12 倍、10 倍，煎煮时间依次为 2h、1.5h，过滤，合并滤液，常压浓缩至 10000mL 浓缩水剂，备用；

(3) 向步骤（2）中加入芦荟浓缩原汁、胶原蛋白水解液、甘草酸二钾、羧甲基纤维素钠、水溶性氮酮、防腐剂，溶解，搅拌均匀，将无纺布浸入即可；

（4）检验，包装，辐照灭菌，消毒。

◀产品应用▶

本品能够给眼部肌肤及时补充足够的营养和水分，减轻和预防眼部皱纹，有效祛除和淡化多种原因引起的眼袋、黑眼圈，同时可以舒缓眼部疲劳，令眼部肌肤变得光洁细嫩。青少年及中老年女性均适用。

使用方法：每次取一贴，洁肤后，将眼贴敷于眼部15～30min，让眼部皮肤充分吸收所需营养后，用清水清洗即可。适合每天使用。

注意事项：

（1）每次敷眼时间最好不超过30min。

（2）本品不能替代药品。

（3）皮肤有外伤者慎用。

（4）皮肤过敏者慎用。

（5）本品适宜放在阴凉处，以保持其最佳效果。

（6）皮肤有不适反应者请暂停使用。

◀产品特性▶

本品原料易得，配比科学，工艺简单，使用方便。

参考文献

中国专利公告

CN—200910181325. 3 CN—200910230201. X CN—201010577169. 5
CN—200910192275. 9 CN—201110325637. 4 CN—201010603024. 8
CN—201110037022. 1 CN—201110250112. 9 CN—201110403751. 4
CN—201010572836. 0 CN—201110325644. 4 CN—201010283885. 2
CN—201010179702. 2 CN—200910097203. 6 CN—201010102711. 1
CN—200910228018. 6 CN—201010276017. 1 CN—201010212867. 5
CN—200910038325. 8 CN—201010188180. 2 CN—201010244799. 0
CN—201010623306. 4 CN—201010134646. 0 CN—201010603118. 5
CN—201110305618. 5 CN—201110040370. 4 CN—201110416827. 7
CN—200910300333. 5 CN—200910037765. 1 CN—200910058106. 6
CN—201010292332. 3 CN—201110256654. 7 CN—201110054296. 1
CN—200910018153. 8 CN—200910037451. 1 CN—200910214007. 2
CN—200910263240. X CN—201110405634. 1 CN—201110371207. 6
CN—201010263241. 7 CN—201010603109. 6 CN—201010610446. 8
CN—201110284081. 9 CN—201010102614. 2 CN—200910010836. 9
CN—201110326673. 2 CN—201110322293. 1 CN—201110069848. 6
CN—201010179660. 2 CN—200910036411. 5 CN—201010200395. 1
CN—201110059307. 5 CN—200910036411. 5 CN—201110395851. 7
CN—200910000718. X CN—201110434461. 6 CN—200910205087. 5
CN—200910222586. 5 CN—201110390600. X CN—201010199305. 1
CN—200910077631. 2 CN—201010196753. 6 CN—201010192610. 8
CN—200910078093. 9 CN—200910058103. 2 CN—201110288716. 2
CN—200910211754. 0 CN—201110165944. 0 CN—201010563004. 2
CN—201010179667. 4 CN—201010204462. 7 CN—201110102185. 3
CN—201010045518. 9 CN—200910193807. 0